JN141715

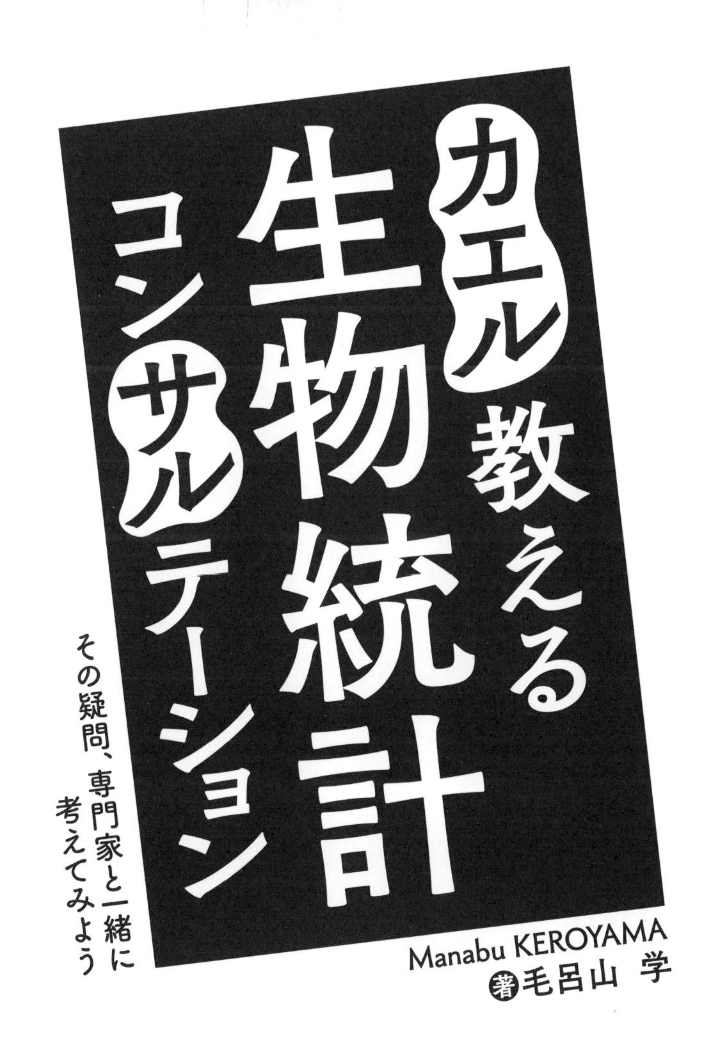
カエルの教える生物統計コンサルテーション
その疑問、専門家と一緒に考えてみよう
Manabu KEROYAMA
著 毛呂山 学

羊土社
YODOSHA

はじめに

この本は，医学系の研究機関に勤務している著者が普段の業務の内容を文字に起こしてほしいというご要望にお応えする形でできあがりました．

生物学は，文字通り，生ものを扱う学問でございますので，科学的研究課題の内容もさることながら，真に測りたいものを測るための測定方法自体が難しく，なんとか測れた場合でも，その測定値のばらつきの制御が難しいことが多いことから，統計学の発展に大きく関わった分野です．しかし，深い関わりがあるのにも関わらず，数学的思考や操作が統計学を理解するのに不可欠なことから，どうしても医学・生物学分野の研究者には「わからない」あるいは「わかった気になる」分野として扱われることが多いようです．

この歴史はもう100年以上続いており，そのため，その理解を助け，誤解を解くためにも「統計コンサルテーション」は統計学の専門家によって世界各国の高等教育機関や研究機関で学生や研究者を対象に行われています．それだけではなく，そもそも統計学自体が，科学研究における実問題を解くために発展してきた学問ですので，研究者が実際に抱える問題を統計学者が一緒に考え，コンサルテーションにやってきた学者の専門分野の発展に貢献するだけではなく，自身の専門分野である統計学という学問の発展に貢献する良い機会として，コンサルテーションは統計学者あるいは統計家を育成する教育の場としても欧米では活用されています．

しかしながら，日本では，内気な国民性というのもあってか，コンサルテーション自体どうしても科学の発展のためのディスカッションの場としてよりは，商業的な雰囲気が漂う怪しい場所と思われるか，解析してもらえる便利な外注先と勘違いされるか，そんな印象しかもたれていないように感じていました．そこで，本書ではまず，生物統計コンサルテーション

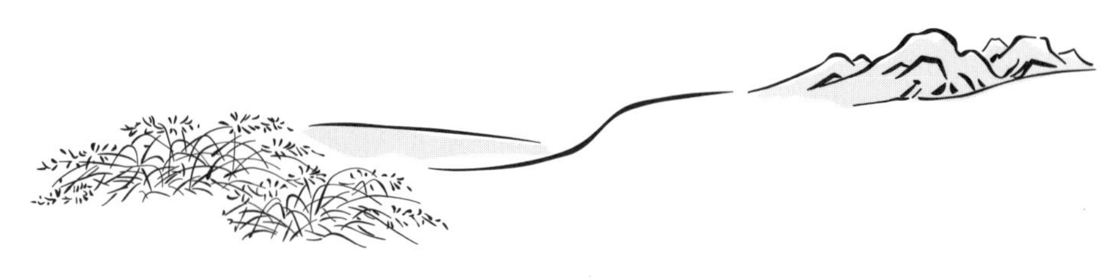

が，科学的研究課題を一緒に解決するために必要な知識や思考を，時には与え，時には一緒に考える機会であることが，せめて本書を手に取ってくださった方にはわかっていただけるように，できる限りの工夫をこらしました．また，著者の経験から，特に若い研究の初心者が抱きやすい統計学分野での疑問を中心にコンサルテーションテーマを選び，ある程度は本書のなかで理解し，進んだ理解は他の専門的教科書で学びたいと思っていただけるように構成を考えました．本書によって統計学の基礎力と科学への真摯な姿勢を身につけ，より有用なディスカッションへとつなげていただきたいと思います．さらに，若い研究現場で働く統計家の皆様にもぜひ楽しく読んでいただき，微力ながらお仕事の助けになるようにという思いも随所に込めてみました．本書が医学・生物学分野の科学的課題に取り組む皆様にとって少しでもお役に立てる一冊になれば幸いです．

生物統計学という分野名自体，日本人一般集団中の認知度としては非常に低いと思われるうえに，そのコンサルテーションの内容の本なんてどこに需要があるのかと思っていましたので，こんな内容で出版され，世のなかに，この小さな研究室で日常繰り返されてきた会話の内容が公表されるまでに至ることができたのは，奇跡的です．まずは，本書の企画・編集に多大なるご協力・ご助言いただきました羊土社編集部の冨塚様，中林様，その他社内の皆様に深く感謝申し上げます．

最後に，いつも一緒に研究やコンサルテーションを行ってくれている研究室員の皆様，コンサルテーションにいらしてくださって，一緒に研究課題について考える機会を与えてくださった研究者の先生方に心より御礼申し上げます．そして，何度も書くこと自体挫折しそうになるのを一番そばで時に厳しく，時に暖かく励ましてくれて，校正まで手伝ってくれた息子へ．生まれてきてくれて，本当にありがとうございました．

2019年1月末日

カエル教える生物統計コンサルテーション もくじ

登場キャラクター

毛呂山（けろやま）先生

本書の主人公．専門は生物統計学．学生から教授まで，統計学に関連するさまざまな悩みをコンサルテーションで解決する日々をおくっている．

兎田（うさぎだ）教授

座右の銘は “とりあえずやってみよう”．多くのスタッフがこの言葉に振り回されているが，本人に気にする様子はない．

相談4

検定でp値が0.05より大きかったです．実験は失敗だったのでしょうか．

▶▶▶063

解析方法をいつ決めるか／t検定と共分散分析の使い分け／p＞0.05が意味するもの／そもそも仮定は正しいのか?

相談5

実験データに実はたくさん欠測がありました．どの程度の欠測値の割合だったら研究として報告可能なのでしょうか．

▶▶▶079

欠測データは無視してもよい?／欠測の原因を探る／欠測を気にすべき場合，しなくてよい場合／データ解析時の欠測データの扱い方／コンサルテーションから共同研究へ

相談6

データをExcelでまとめていたら，間違えて勝手に値を上書きしてしまったようで計算結果も変わってしまいました．値が簡単に書き換わらない方法はないでしょうか．

▶▶▶097

Excelによる実験データ管理の注意点／データ管理ソフトのすすめ／Garbage in Garbage out

兎田研究室のメンバー

猿渡(さるわたり)さん
修士課程1年目．本書のもう一人の主人公．統計学的な知識はまだまだだが，持ち前の素直さで日々成長中．

大鷹(おおたか)さん
ポスドク．人の話はじっくり時間をかけて理解する派．

狐島(こじま)さん
大鷹さんと同期のポスドク．要領がよく統計リテラシーも高め．

相談 7

平均値の群比較を図にするのに，ヒストグラムと折れ線グラフとどっちがよいでしょうか．グラフは何色で描いたらよいでしょうか．

▶▶▶107

ヒストグラムを正しく理解する／その折れ線に意味はあるのか?／見やすいグラフにするための色使いとは?

相談 8

先行研究などをみると，データが正規分布に従った方が分析しやすいらしいので対数変換などの変数変換をしていました．変換してしまうと，結果の解釈がよくわからない気がするのですが，本当に変換した方がよいのでしょうか．

▶▶▶123

なぜ変数変換をするのか?／変数変換後は分布を確認／変数変換の問題点／非正規分布のデータの解析法／なぜ対数変換が推奨されてきたのか?

相談 9

相関係数にピアソンとスピアマンと2つ出てきたのですがどっちを使えばよいのでしょうか．また，値が0.6では，2つの要因の間に相関があるとはいえないのでしょうか．

▶▶▶143

ピアソンか? スピアマンか?／相関係数をどのように解釈すればよいのか／よく使われる=正しいものとは限らない

その他の研究室メンバー

牛山(うしやま)先生
講師．数年間取り組んできた研究にようやく目処がつきそう．

犬飼(いぬかい)さん
博士課程3年目．学部の卒研は兎田研究室で行った．いまも時々兎田研究室に顔を出している．

About Quote of the Day

相談1

実験をしたいのですが，10サンプルしかありません．何か良い結果を示すことができるでしょうか．

Quote of the Day

"Statistics is the grammar of science."

by Karl Pearson in "Grammar of Science", 1892

コンサルテーション開始

（トントン）

（猿渡）失礼します．毛呂山先生のお部屋でしょうか？

（毛呂山）はい．こんにちは．ご連絡いただいていた猿渡さんですか？

はい．猿渡です．はじめまして．今日はお時間いただきありがとうございます．私の修士論文にする予定の研究の解析面での注意点についてご相談したく参りました．

どうぞどうぞ．お座りください．では，最初に簡単に研究の内容についてご説明いただいてもよろしいでしょうか．

はい．実はとりあえず指導教官の兎田教授が遺伝子発現を測定するチップが10枚余ったのでこれを使って研究にしてみろというので，とりあえず○×酵素の活性経路に興味があったので▽薬を投与したネズミと投与しなかったネズミで遺伝子発現を測定して○×酵素のパスウェイにある遺伝子群の発現量に差があるかどうかみようかと思ってるんですが，そのときとりあえず半分ずつにしたら５匹ずつなんで，１つの群で５匹の測定を比較するのでも何かとりあえず論文になるようなことがいえるのかどうかわからなくって…….

…….

「とりあえず」兎田先生はなんておっしゃってるんでしょうか？

とりあえず興味と対象はよいだろう，まずはネズミで結果出せと…….
で，とりあえず結果が出たらヒトのサンプルで試してみろと…….

なるほど．じゃあ，とりあえず，ですね…….やりたいことを整理してみましょうか．

はい．

実験は計画が大切

猿渡さんの研究仮説はなんでしょう．

とりあえず，▽薬を投与したネズミでは○×酵素のパスウェイにある遺伝子群のうちAAA遺伝子の発現量が高くなる．

何と比べて？

薬を投与してないときに比べて．

おや？ 薬を投与してないネズミと比べてではなく？

そうですね……．投与してないネズミと比べて．

おやおや．投与してないネズミと比べるのと，投与したときと投与してないときの状態を同じネズミの個体内で比べるのとでは，実験のデザインが変わってしまいますよ（図1）．

図1 遺伝子発現を比べるには，複数の研究デザインが考えられる

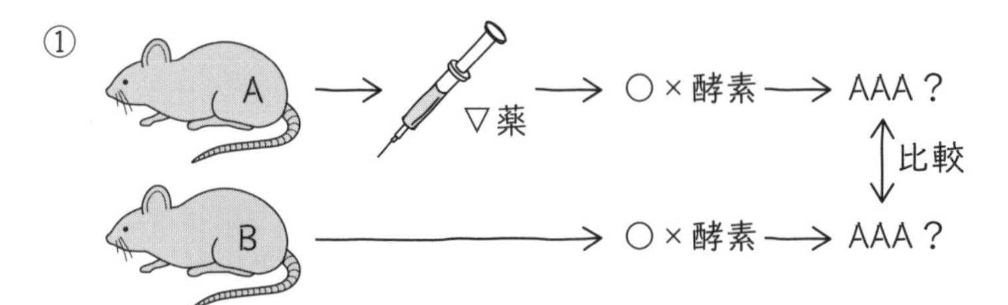

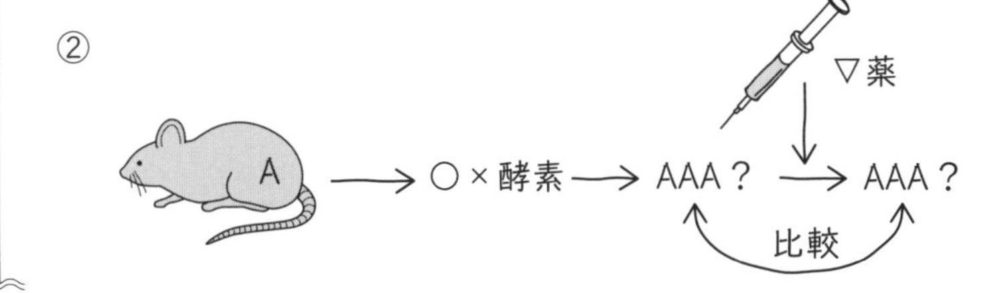

そう……ですよね…….

実験計画書はどのように書きましたか？

実験計画書ってなんですか？

…….

ふむ．実験ノートは知ってますか？

知ってます．実験するときはつけています．

それはとても良いことです．でも，実験する前にも実験する予定を書くのです．実験手技を書き下すだけではなく，研究の背景，そこから導き出される研究仮説，実験方法，実験データの管理方法，データの解析方法，結果の発表方法などを計画して記載したものを実験計画書といいます（図2）．

図2 実験計画書の項目

- 実験手技
- 研究の背景
- そこから導き出される研究仮説
- 実験方法
- 実験データの管理方法
- データの解析方法
- 結果の発表方法

実験計画書に書ききれない細かいことは手順書に書けばよいのですよ．

なるほど．でも，すみません．あんまりピンとこないのですが…….
1人でやる実験だし，計画は頭に入っているからいらないのでは？

そうでしょうか．今私とお話ししているだけで，いかに猿渡さんの頭のなかの計画に曖昧さが伴っていたかおわかりいただけたと思いますが．

曖昧だとだめなんですか？

ダメではないけど，「10サンプルで何か良い結果を得られるか」というご質問に答えるのがますます難しくなります．研究で何かしらのデータを得る場合には，ある研究仮説を証明する，あるいは探索するという目的が達成されるかどうかで実験手法を決定しなければならないわけなので，闇雲にデータをかき集める，あるいは「とりあえず」あるデータをみてみても，たいていの場合目的が達成されません．そればかりか，ただの時間・お金・資源の無駄遣いになってしまったり，倫理的にも問題があったりというような状況も実は多いのですよね．おそらくこのようなことを猿渡さんも直観的にご理解されているので，私のところへご相談に来られたのだと思うのですよ．

「実験前に研究仮説を整理し，実験計画書を書く」

その研究目的は適切ですか？

さて，ではその「10サンプルでなにか良い結果が得られるか」というご質問にお答えするために猿渡さんの脳内思考をもう少し分析させていただいてもよいでしょうか．

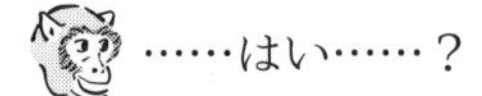

……はい……？

猿渡さんのおっしゃる「良い結果」とは，おそらく「修士論文として評価に値する研究を可能とするか」と言い換えることができるのではないですか．そして，それをさらに読み替えると「科学的に証明あるいは探索するのに価値のある仮説を，証明あるいは探索することは可能か」であり，さらに読み替えると「▽薬の投与は○×酵素の活性に影響する，という仮説を探索することは可能か」になると思います．

話の流れにネズミがいなくなりました．

はい．いったんネズミにご退場いただいたのは，猿渡さんのお話から推測した兎田教授の研究目的が「▽薬の投与は○×酵素の活性に影響する」だと思ったからです．一方で，猿渡さんの研究目的は「10サンプルで修士論文に値する研究をするために，○×酵素の活性を調べる」になってしまっているように感じました．

私と兎田先生の脳内の同時分析をされたんですね．

その通りです．お互いの思惑が複雑に絡んだ結果の今回のご相談でしょうからね．

さて，つまり，猿渡さんは，もう少し兎田先生の脳内思考を明確に分析する必要があったのです．しかし，自分の思考だけでも大変なのに他人の思考を読み解くことは大変難しいので，学生と指導教授の「曖昧」なやりとりにより不幸な結果が生じることは稀ではありません．例えば留年，退学，失踪……．そのような不幸な事態を防ぐためにもぜひ実行していただきたいのが「コンセプトマップ」です．日本語では「概念地図」とよんだりもするようです．

学部の授業で聞いたことがあるような，ないような…….

「研究目的の明確化にはコンセプトマップが有効」

例えば猿渡さんの研究仮説を構築するまでをコンセプトマップで書いてみるとこうなると思うんですよ（図3）.

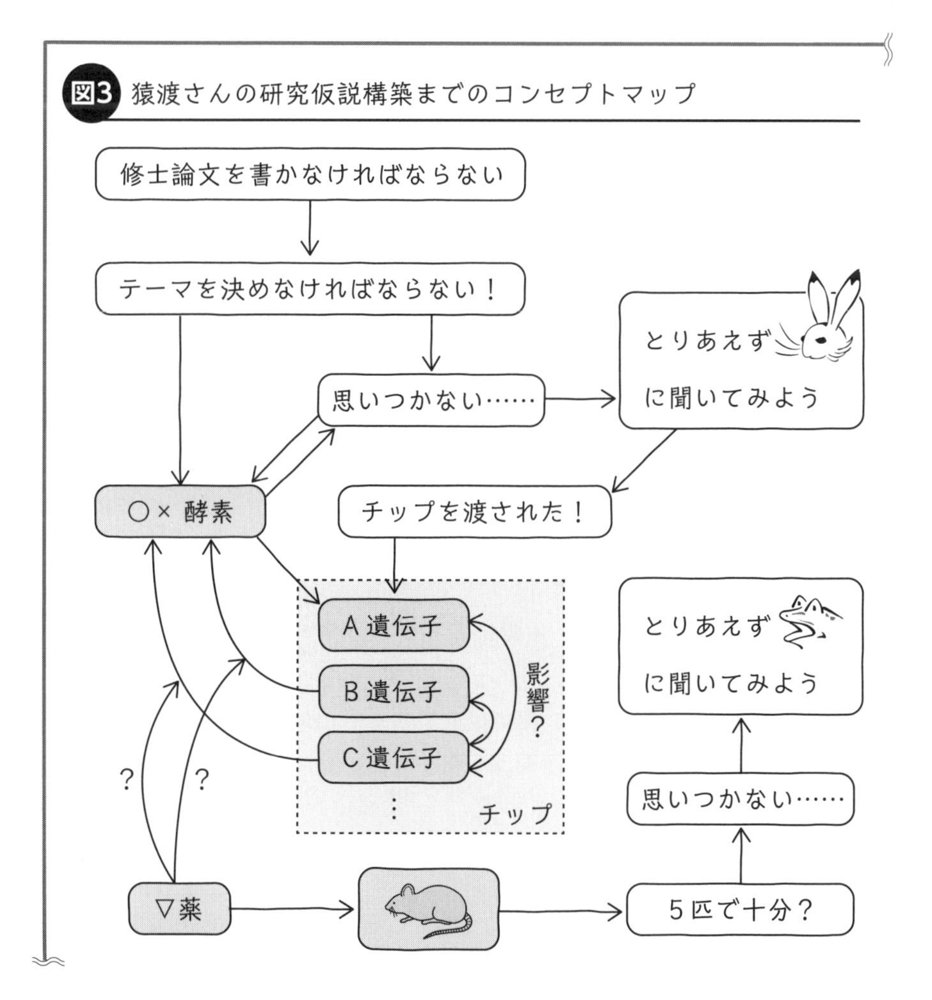

図3 猿渡さんの研究仮説構築までのコンセプトマップ

研究の円環を回す

なるほど……．兎田教授の思考を読み解けただけで私の研究の目的もかなり明確になってきたし，調べたい文献も思いついてきました．

そうでしょう？ こうしてコンセプトを決めて，研究で検証したい仮説を決めて，目的を決めて，目標と研究デザインを決めて……というのが研究の流れになるわけですが，もちろん，その結果は新しい科学的知見となり，次の研究のコンセプトを決定するのに役立ちます．この関係を図にするとこんな感じ（図4）になります．

図4 科学的知見のフロー循環図

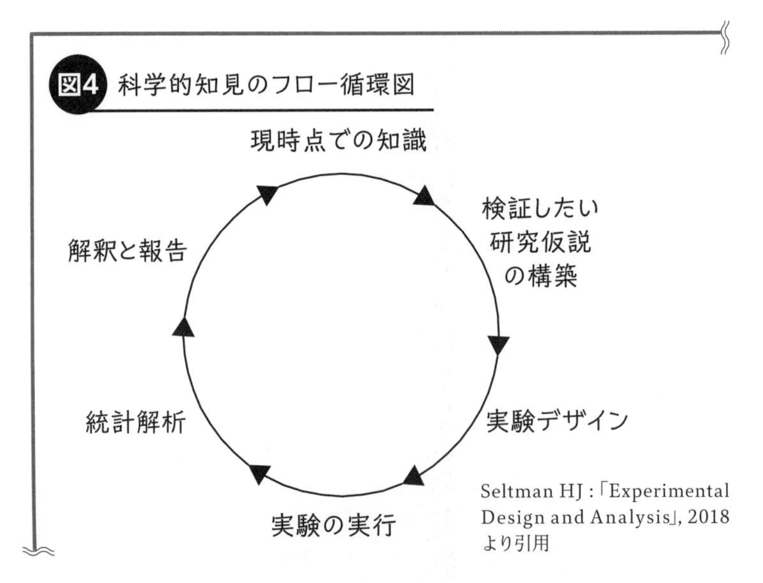

Seltman HJ :「Experimental Design and Analysis」, 2018 より引用

もうちょっと一般的に，研究仮説が決まってから必要なサンプル数が決まるまでの流れをコンセプトマップで書き下してみるとこのようになります（図5）．

研究仮説決定から必要サンプル数決定までの流れを示したコンセプトマップ

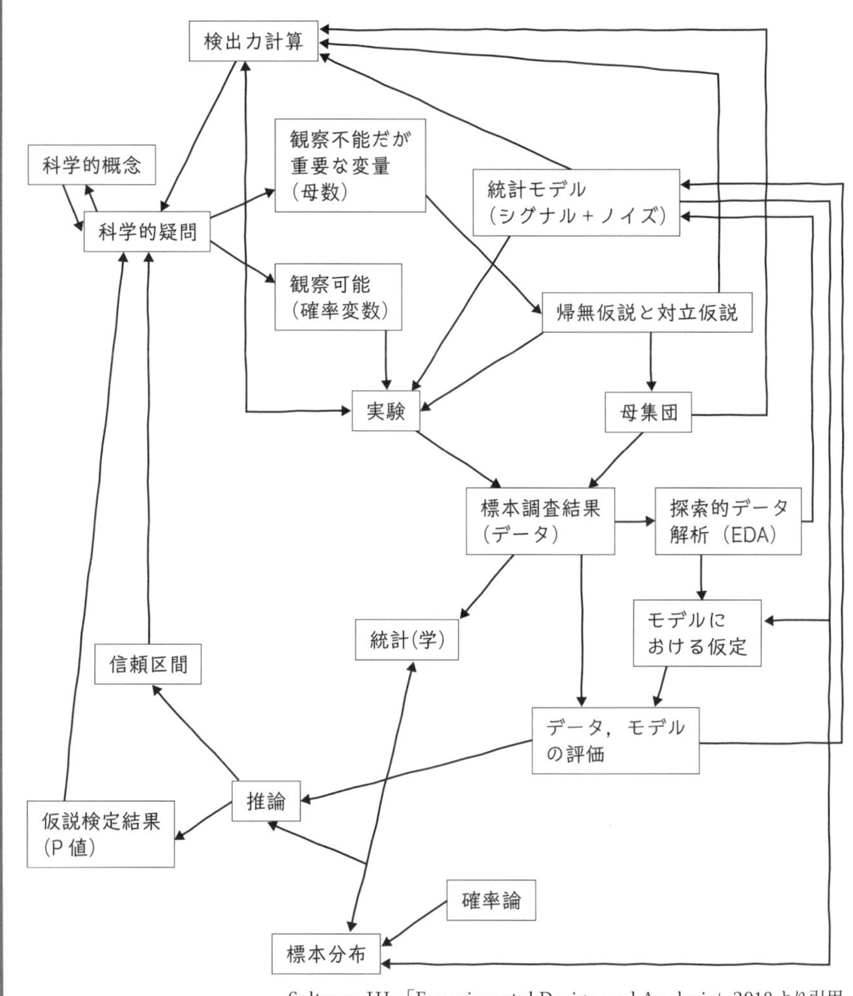

Seltman HJ :「Experimental Design and Analysis」, 2018より引用

この一連の流れを把握されていないと，ご質問の「10サンプルで十分科学的に（あるいは卒業するのに）十分意義のある研究結果を導き出すことが可能かどうか」ということはわからないわけです．

ちょっとその図には「仮説検定」とか苦手な感じの統計用語がたくさん出てきちゃって理解が追い付かない感じですが，仮説を構築するところくらいまでは自分でできそうです．でも毛呂山先生のお話を伺っていると，まず科学的仮説があって，それをもとに目的→目標，そして実験デザインと順に決めてから，何サンプル必要か出す流れのように理解しました．でも今回は，そもそもサンプル数の方が先に決まってるんです．どうしたらよいのでしょう…….

コンセプトマップの書き方

コンセプトマップは1970年にアメリカコーネル大学の科学教育者であるNovak先生が考案した科学の知識を集約しながら学習していく方法に役立つ道具です．でも，今では教育の場面だけではなくて，例えば今はやりの人工知能のためのプログラミングやアルゴリズム開発などにもとても役に立っているようです．詳しい説明はここを参照してください．

http://cmap.ihmc.us/docs/theory-of-concept-maps

“諸事情”に応じた柔軟な目標設定を

良い質問ですね．実は目的を明確にするだけでは具体的に研究を計画することはできないのです．猿渡さんのように何かしらの事情が課せられている場合が多いですよね．さらに，多くの研究には“時間”の縛りもあります．猿渡さんには，今回は“とりあえず与えられた測定キットを使う”という縛りに，この研究で“卒業しなければならない”という縛りも生じています．この縛りは，研究の“目標”を決定するのに非常に重要となります．つまり，実現可能性から研究目標が絞られるのです．このとき，可能な限り研究目的を変えずに目標だけを変えることで，縛りのなかで目的を達成することを考えるとよいでしょう．

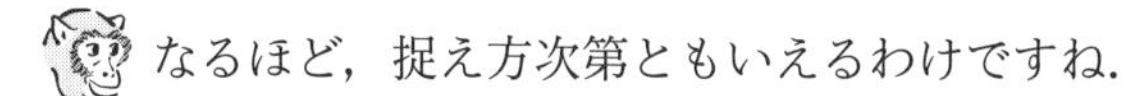

なるほど，捉え方次第ともいえるわけですね．

例えば猿渡さんの場合は，薬はヒトに投与するので，ヒトのデータで仮説を検証するのが本筋ですが，ネズミだと実験で環境因子などを制御できるので，実験データに“ばらつき”を少なくすることができる，ので，ヒトのデータよりも薬の純粋な効果を検証しやすい，ので，兎田先生が「とりあえずネズミ」といったのでしょう．

「 **“縛り”という実現可能性から目標を設定する** 」

そうだったんですね．てっきり，ヒトのデータは取りにくいからだと思ってました．

倫理的問題への配慮も必要

もちろん．それも重要な縛りの1つです．おっしゃるようにヒトのデータは取りにくい．技術的にも取りにくい，つまり，測定自体難しい，というのもありますが，手続き的にも動物データよりもレギュレーションが多くて……．そうそう，動物実験の実験計画書も倫理的に問題がないか審査されますからね．その分野以外の人が読んでも理解できるように書くことも重要ですよ．

審査されるんですか!? 今まで培養細胞しか扱ったことがなくって意識していませんでした．

そうですよ……．動物の場合は，日本では文部科学省が発行した“研究機関等における動物実験等の実施に関する基本指針”に基本的に従わなければならないほかに，ご所属の大学や研究機関によって定められている動物実験に関するガイドラインがあるはずだから，大学のホームページを調べてみてくださいね．

ええ！ 大変だ……．私そういうの苦手で……．ヒトだともっと大変っておっしゃいましたけどどういう……．

そうですよ．ヒトは動物より社会的な生き物なので倫理的な規制が多いのですよ．ヒトの場合は基本的に同意を得ないと研究に参加してもらえないしね．その同意をとるための同意書も倫理委員会に提出する必要がありますし．そういった「ヒトを対象とした研究がどうあるべきか」は，ヘルシンキ宣言が大枠となって，日本だと厚生労働省により“人を対象とする医学系研究に関する倫理指針”にまとめられています．ほかにも，例えばヒトを対象とした医学的実験を特別に臨床試験といいますが，臨床試験だとICH（International Council for Harmonisation of Technical Requirements for Pharmaceuticals for Human Use：医薬品規制調和国際会議）が定めたガイドラインがあり，国際バージョンと日本バージョンがあったり，動物実験と同じように研究する地域や施設によってガイドラインや規制が細かく違ったりするので気を付けてくださいね．

「動物でもヒトでも，国，地域，施設ごとに定められた研究実施規則に準じなければならない」

この，倫理ガイドラインも大きな研究の縛りの1つですね．だから，倫理的配慮からしても，ヒトならなおさら，動物でももちろん，無駄なサンプルはなるべく使わず効率的に科学的仮説を証明したいわけですよ．そこに，統計学的考えや方法論の工夫が生きてくるわけですね．

ちょっと，まだ先生の「そこに」以下のくだりが私の脳内では論理的つながりを追うのが難しかったです……が，とりあえず，「縛り」含めてコンセプトマップを完成させ，測定キットを無駄にしないで次のヒト研究に効率よくつなげるための最適な実験デザインをまずは考えてみたいと思います．実験計画書の案ができたら，またご相談にのっていただくことは可能でしょうか．

もちろんです．いつでもウエルカムですよ．

では，修論提出に間に合うように，近いうちにまたメールさせていただきます．相談はメールよりお会いしてお話させてもらった方がいいですよね．

はい，そうなんです．メールで淡々と科学的なやり取りをしてしまうと，ミスコミニュケーションも生じやすいですし，冷たい人間と思われて嫌われることもないではないですから……．なんて，まあ，最悪嫌われてもいいんですが，もっと重要なことは，なぜか良いアイディアは人間が会話することで磨かれることも多いものですし，こうして手書きでいろいろ説明した方がわかりやすいことも多いのでお会いしてお話しすることをおすすめしています．

「　相談は対面で　」

それは私でもよくわかります．それでは，メールでまた次の相談の予約をさせてください．

ありがとうございます．お待ちしております．

＜コンサル終了＞

About Quote of the Day

カール・ピアソン (Karl Pearson, 1857-1936)

カール・ピアソンは，非常に有名なイギリス人統計家の一人で，学際的な視点をもっていたともいわれます．統計の専門家でなくても，少しでもデータ解析に携わったことがある人であれば，ピアソンの相関係数くらいはご存知でしょう．実は標準偏差という言葉もピアソンがはじめて提案しました．というものの，ピアソンが統計学での業績を残したのは，彼の研究歴の中盤以降のことで，しかも統計学という学問を確立しようとしてではありませんでした．

ピアソンは大学では数学を学びましたが，その後留学中は文学を，帰国後は法律を学び，最後は生物学，特に遺伝学で当時のホットトピックであった優生学に興味をもち，晩年はその分野において最も精力的に研究活動を行いました．そして優生学を発展させるなかで，現在の統計学の基礎となるさまざまな手法や哲学を築いたのでした．その最初の取り組みが自然科学の基礎について哲学的視点で解説した講義録をまとめた書「Grammar of Science（科学の文法）」です．そして，この本のなかで，観察され測定された現象をもとに，想像力によって導かれる科学的法則の妥当性を検証し，その結果を分析することが科学的活動の記述だとすれば，統計学こそがその文脈を記述するうえで必要な文法の役割を担うものであることが示されています．

ピアソンが，さまざまな分野に興味をもった学際的な統計学者の先駆者であったというよりは，そもそも統計学が学際的であったのです．そのことが彼の人生を読むと深く理解できるでしょう．

もしも自分がまず何をすべきか迷ったら，猿渡さんのように統計学的思考を「Grammar of Science」として利用し状況を整理してみることで道が開けるかもしれませんよ．

今日のまとめ

- 研究で良い結果が得られるかどうかは，発想だけでなく計画の良さが重要です．実験計画にはコンセプトマップなどを活用して目的，目標を明確にしましょう．
- コンセプトがまとまったら，計画を実験計画書にまとめましょう．

参考文献

［コンセプトマップ］

- Novak, J.：「Learning, creating and using knowledge: Concept Maps™ as facilitative tools in schools and corporations」, Lawrence Erlbaum Associates, 1998

［統計学的思考・実験計画］

- Seltman HJ：「Experimental Design and Analysis」, 2018 http://www.stat.cmu.edu/~hseltman/309/Book/Book.pdf
- Pearson K：「Grammar of Science 2nd ed.」, A&C Black, 1900

［研究倫理］

- 文部科学省ホームページ http://www.mext.go.jp/b_menu/hakusho/nc/06060904.htm
- 厚生労働省ホームページ http://www.mhlw.go.jp/general/seido/kousei/i-kenkyu/doubutsu/0606sisin.html

今日の猿渡さんのノート

- 実験前に研究仮説を整理し，実験計画書を書く
- 研究目的の明確化にはコンセプトマップが有効
  - ・リサーチクエスチョン → 科学的仮説 → 目的 → 目標 → 実験デザイン → サンプル数決定
  - ・指導教官との研究目的の共有が大切
- “縛り”という実現可能性から目標を設定する
  - ・可能な限り研究目的を変えずにすむ目標設定をめざす
- 動物でもヒトでも，国，地域，施設ごとに定められた研究実施規則に準じなければならない
  - ・動物 →「研究機関等における動物実験等の実施に関する基本指針」（文部科学省）
  - ・ヒト →「人を対象とする医学系研究に関する倫理指針」（厚生労働省）
  - ・臨床試験 → 法律，ICH の定めたガイドライン　など
- 相談は対面で

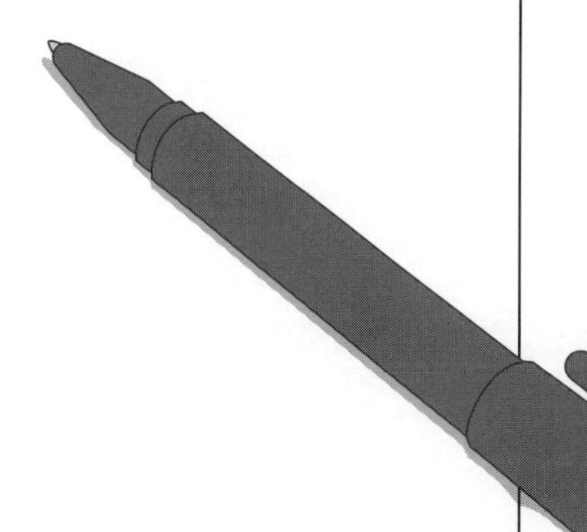

相談2

実験結果を検定したいのですが，どの検定を使ったらよいかわかりません．

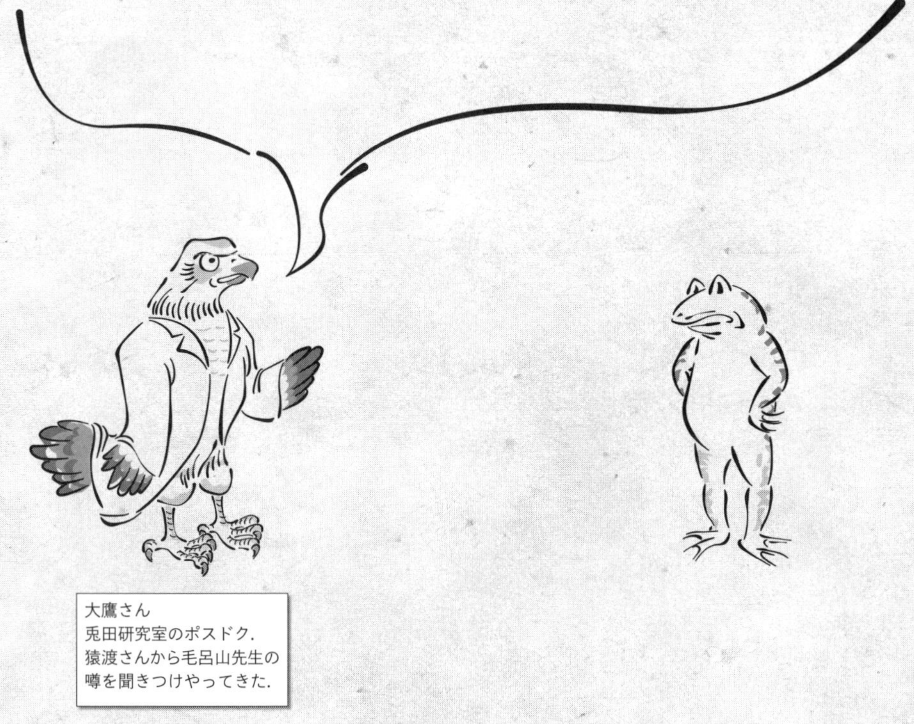

大鷹さん
兎田研究室のポスドク．
猿渡さんから毛呂山先生の噂を聞きつけやってきた．

Quote of the Day

“To base the choice of the test of a statistical hypothesis upon an inspection of the observations is a dangerous practice.”

by E.S.Pearson and C.C.Sekar in "Biometrika", 1936

コンサルテーション開始

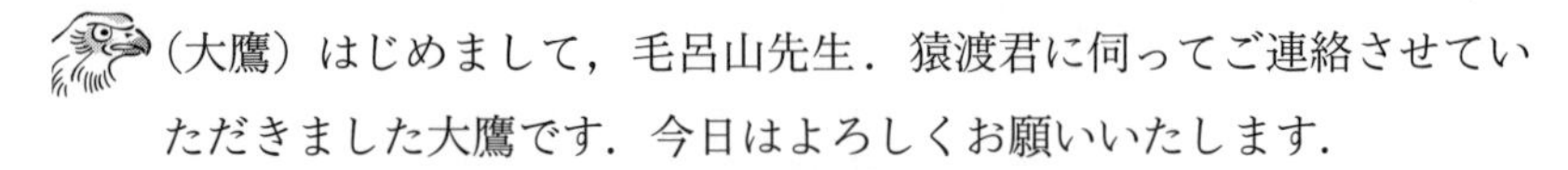

（大鷹）はじめまして，毛呂山先生．猿渡君に伺ってご連絡させていただきました大鷹です．今日はよろしくお願いいたします．

（毛呂山）こちらこそよろしくお願いいたします．その後猿渡さんは無事に実験が進んでいますか？

はい．毛呂山先生にお手伝いいただき実験計画書を書き上げて審査も通りました．このままうまくいけば修論までに間に合いそうです．

それはよかったです．今日は大鷹さんの研究についてでしたよね．

そうなのです．今日は兎田教授からいわれて私が行っている実験で，統計検定の方法がわからないので教えていただきたいのです．

では，最初に研究内容についてご説明いただいてもよろしいでしょうか？

はい．猿渡くんの修士論文のテーマともなっている▽薬のつぶやき病に対する有効性について，兎田教授がヒトの細胞からの培養サンプルでも同じ実験をして試してみろということで，その部分は私がやることになったのです．

あれ？ マウス実験の結果はもう出たんですか!?

いや，実はまだなんですが，この▽薬はすでに臨床で使われているものですし兎田教授が実験系を確立するために先に手持ちのサンプルで試してみた方がいいし，それ以外でもとりあえずいろんな意味で早い方がいいからと……．

またとりあえずか．まあ，わかりました．では，実験内容は猿渡さんとほぼ同じなのかな？ でもヒトの細胞だから，ヒトの臨床データも取得されてますよね．実験計画書（相談1参照）はおもちですか？

はい．これになります．

解析方法を後から変更してはいけない

もう，倫理委員会は通ってるんですか？

通ってます.

それはよかった．では，計画時点での統計解析はどうなっているんですか？

計画書ではこちらになるのですが，とりあえず，平均値の2群比較をしようと思って，その場合は似たテーマの論文に書いてあったt検定でいいのかなと思い，t検定をするって書きました．この箇所になります．……間違ってますか？

（計画書を読みながら）ふむふむ．2群比較するというのは，例の候補遺伝子の発現量を，薬を飲んだ人から採取した細胞で測定した結果と，飲んでない人から採取した細胞で測定した結果を比べるんですね．……ここに，1群は20例と書いてあるけど，その根拠が書いていませんね．これはなんで20例なんでしょう？

そうですね……．とりあえず，20例くらいならば測定もデータをいただくのも可能かなということで……，統計学的な根拠はないです…….

なるほど．つまり，これは実現可能性を考慮して20例としたという意味ですね．実現可能性から試算したのであれば，その旨をきちんと書いた方がいいですよ．それで，ご質問の件なのですが，基本的に計画書に書いた解析をするしかないと思うのですけど.

t検定でよいのでしょうか？

そう，書いちゃったからね.

え!? 計画書に書いちゃったら，直せないんですか?

「基本的には計画書に書いた解析をする」

というか，やっぱり間違ってるんでしょうか？

いいえ．読んだ感じですと，間違ってなさそうです．でも，間違ってるかよりも，ですね，実は気になっていることがありまして．これは想像ですが，きっと，データ，もう測定しちゃったんでしょ？ そして，私のところにいらしたのは測定しちゃったら計画通りデータがとれなかったので，統計解析もこの方法でよいのかわからなくなったとか，そんな感じじゃないでしょうか？

ええ!? なんでわかったんですか？ いや，その通りで…….実はそもそもサンプルが全部で30例しか集まらなくって，そのうち薬を飲んでいたのは13例だけで，さらに測定してみたら，細胞からうまく発現量が測定できたのは，10例，15例で結局25サンプルしか測定できなかったんです…….そこで，計画書にあるt検定でいいのかなと．サンプル数が小さいときには別の検定方法をしなさいと教科書を見たら書いてあったけれど，よくやり方がわからなかったのです（図1）．

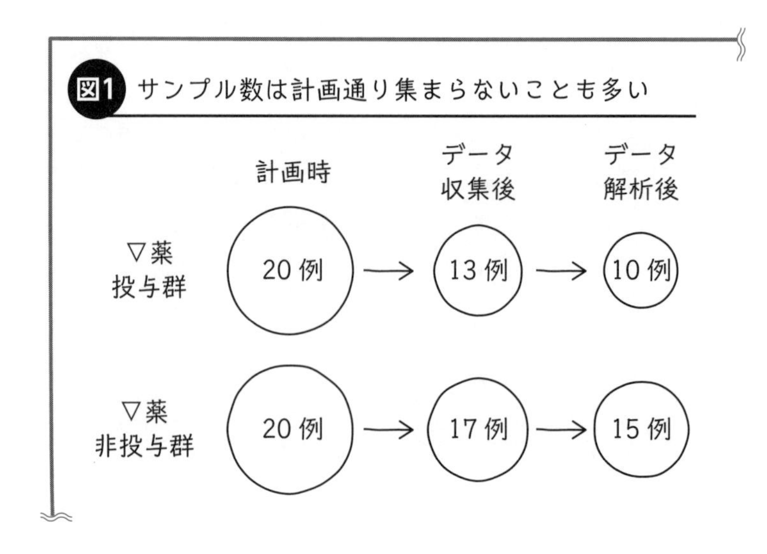
図1 サンプル数は計画通り集まらないことも多い

計画書を見直してもよいタイミングがある

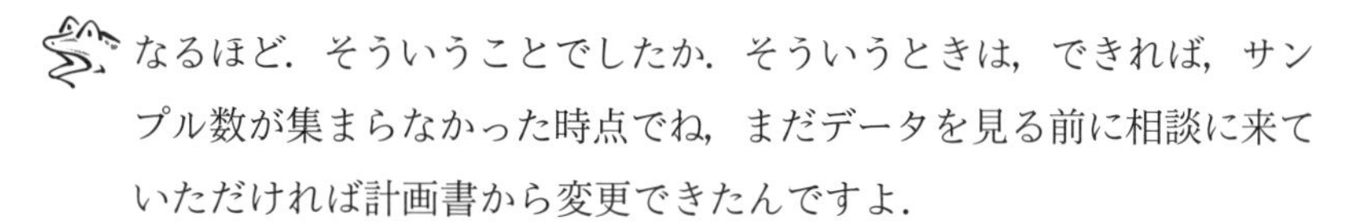

なるほど．そういうことでしたか．そういうときは，できれば，サンプル数が集まらなかった時点でね，まだデータを見る前に相談に来ていただければ計画書から変更できたんですよ．

そうなんですか!? 計画書って直せるんですか？

計画なのでね．なんでもそうですけど，実際やってみると計画の変更ってどうしても出てくるじゃないですか．特にヒトのサンプルを集めるのって大変だし，新しい測定方法なんか試す場合もそう，特に測定だって大鷹さんのようにうまくいかない場合がたくさん出てきちゃって予定数通りにはいかないことも多いでしょう．

それはいつも思います……．

本来ならば，そういうことも見越して，まずは必要サンプル数を慎重に見積もることは大事なんですけどね．

そうですよね……．

で，実験計画の変更が必要になった場合なんですが，基本的には例えばサンプル数が予定通り集まるように研究期間を延長したり，研究サンプルをもっていそうな共同研究施設を増やしたりして，できる限り集める努力をするような計画変更なんかを考えるわけです．

そうなんですね．でも今回の私の研究の場合は，どちらにせよどっちも無理でした．

なるほど．たいていの研究はどっちも難しい場合が，特に年度会計で回してる研究だと，多いですよね．だから，そういう場合はしょうがない．解析計画を大きく変更せざるを得ないかもしれない．

解析計画の変更はできるんですね！

はい．しかし，先ほど申し上げた通り基本的に解析計画の変更はデータを分析する前に行わなければなりません（図2）．

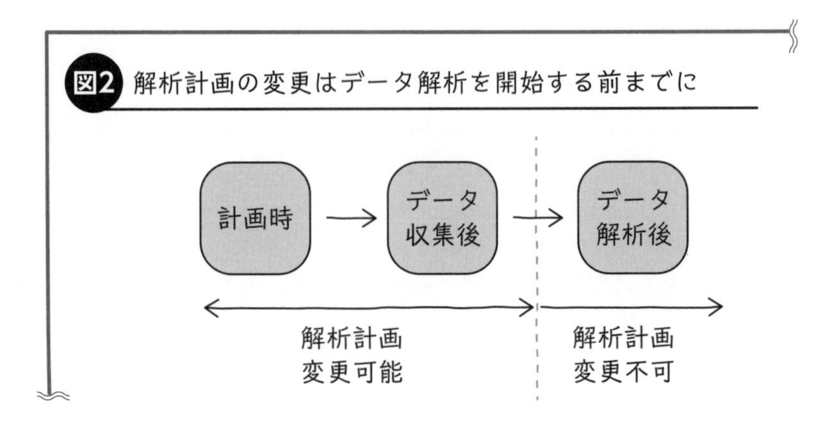

図2 解析計画の変更はデータ解析を開始する前までに

その理由は私でもなんとなくわかる気がします……．計画を結果が出やすい解析手法に変更したくなるからですよね．

その通りです．おわかりのように，統計学的手法，特に仮説検定なんてものは，そもそも「仮説」を「検証」するためにあるので，検証したい仮説に基づいて検定が決まっているんですよね．実験計画も，検証したい仮説に基づいて行われているはずで，検定方法を変更するということは，そもそもの検証したい仮説が知らず知らずのうちに変わってしまっているということにつながることが多いのです．

「**データをみた後に検定方法を変えると，検証したい仮説そのものが知らずに変わってしまう可能性がある**」

では，今回のような場合はどうすればよいのでしょうか……．1群10例，15例でもt検定を計画通りに行うべきなのでしょうか？ わかってるんです，私だって．あの，「とりあえず」病による見切り発車がよくなかったということを．困りました……．

私は「とりあえず」病を治す処方箋はもち合わせていないのですが（笑），お困りのご相談には解決策を提示できそうです．1群10例以上はある状況ですし，今回は計画通りt検定で結果をお出しになればいいと思いますよ．

ただし，それぞれの群で，薬を飲んだか飲まないか以外，遺伝子発現量の違いに影響しうる要因は偏りなく分布しているという前提のもとにですが……．計画書にはランダム化臨床試験で収集されたアーカイブサンプルを用いるとあるので，恐らく大丈夫だと思いますが，念のため2群の背景要因に偏りがないか調べてみてくださいね．

良い結果が出ないのは，サンプルサイズが足りないせいか？

わかりました！ あ～よかったです…….ちなみに今回t検定をやってみて，実は有意にならなかったのです．なので，下心で，ほかの検定をやってみたら有意になるかと思ってやってみたりしたのですが，どの検定でも差は出ませんでした．それは計画時点よりサンプルが足りなかったからでしょうか？ たまたま，▽薬に反応性の悪いサンプルばかり集めてしまった，とか．

そうかもしれないし，そうでないかもしれません．でも，それよりもまずは，闇雲にいろんな方法を試してはいけませんよ．実験だって，この測定ではこの結果が出るって決まっているでしょう．検定の方法も，どんな測定から出てくるどんな値の平均値をどのように評価したいか，によって，決めないといけないんですよ．それでもって，検定の方法をデータからではなく，できれば大鷹さんもおっしゃるように，下心が出てくる前の計画時点でね，決めておくのが大切です．

そうですよね…….

それで，今回のサンプルが足りてたか足りてないかですが，そもそも，計画時点でのサンプルサイズも実行可能性にあわせて見積もっていましたよね．統計学的に検定を行って，本当に2群に平均値に差がある場合を検出したい，つまり差がないということは否定できる十分な数を見積もってサンプル収集を開始したわけではないですよね．だから，サンプルが足りてたか足りてないかは判断できません．

「**非統計学的手法で設定したサンプルサイズの適不適は統計学的には判断できない**」

そうですね…….そのやり方がよくわからなかったので…….もしよろしければ，今後の参考のためにそのやり方を教えていただければありがたいです.

わかりました.

統計学的手法によるサンプルサイズの設定

では，まずはしつこいようですが，研究で検証したい科学的な仮説が，統計学的に検証したい，あるいは，検証できる仮説かどうか，ということを考えます．もし検証できる仮説であると判断されれば，検証したい研究仮説が統計学の言葉で言い直されているかどうか，または，言い直すことが可能か，ということを計画時点で考えることが大切なんです．

それはわかります．「平均に差があるかどうか」ということを知りたいときは，研究仮説は「2群の発現量の平均値に差がある」ということになり，統計学的検定では背理法の原理を使って，その逆の仮説「2群の発現量の平均値に差はない」という帰無仮説が棄却できるかどうかの確率，p値を計算して，p値が小さければ帰無仮説を棄却できるから検証したい仮説を採択できるんですよね．つまり，平均値に差があることがいえると．と，私のもっている本で勉強しました．

まあ，ざっくりとはそんなところです．正しくは，帰無仮説が棄却できたら，「平均値に差がない」ということは言えない．となるんですが……，まあこのあたりの七面倒くさい話はおもちの本や関連する教科書とかを読むといいですよ（参考文献参照）．

「検証したい研究仮説を
統計学の言葉で言い換える」

あ，ありがとうございます…….それで，私の言い直し方ではだめだったのでしょうか？

いいえ．そんなことはないです．でも，もうちょっと「差がある」を具体的にしないといけません．なぜなら，例えばですね，ある人が今週の体温と先週の体温の平均を比べたいと思うじゃないですか．それで，先週が36.6℃で，今週が36.7℃だとするでしょ．差があると思いますか？

あまりないかもしれないですね…….

そうなんですよ．でも，ちょっと話はそれるんですけど，例えば，保育園で園児の体温を3回測定して平均して比べると，37.5℃と37.4℃だったとしますよね．すると，体温計で37.5℃を超えた園児は家に帰されちゃうんです．

そうなんですか!？37.4℃の子は残れるんですか？

そうなんですよ．だから，保育園児でこの温度付近での0.1℃の差は大きく感じちゃうんですよ．親の立場からすると，体温計の精度がもう一桁あったら……つまり，小数点二桁目まで測定して，37.49と37.50の差までみられたら．37.49の子は37.5を超えてないので残してもらえるかもしれないと思うようなこともあるわけです．この状況ですと36.61と36.62のように同じ0.01という差があっても親は興味がないですよね．まあ，こんな親と保育園の都合に振り回されて1日の居場所が決まってしまう子どもが最もかわいそうですが…….このように，尺度の間隔が測定機器によらず一定に保たれている場合であっても，状況によっては人間の感覚や研究の目的で尺度幅の意味が変わってしまうこともあるのですよ．だから，差があるとかないとか，そういうことも，人や状況によってとらえ方や考えている差の絶対値は変わってしまうから，計画時点で誰にでも共通して理解が得られるように「差がある」ということを定量的に定義しておくことが大切です．

確かに.

「何をもって結果に「差がある」とするかは定量的に定義しておく」

では，大鷹さんの場合はというと，遺伝子の発現量の分布が例えば，あんまりないとは思いますが，こんないい感じの正規分布と仮定できたとして，2群に差があるときはこんな感じ，差がないときはこんな感じになりますよね（図3）．

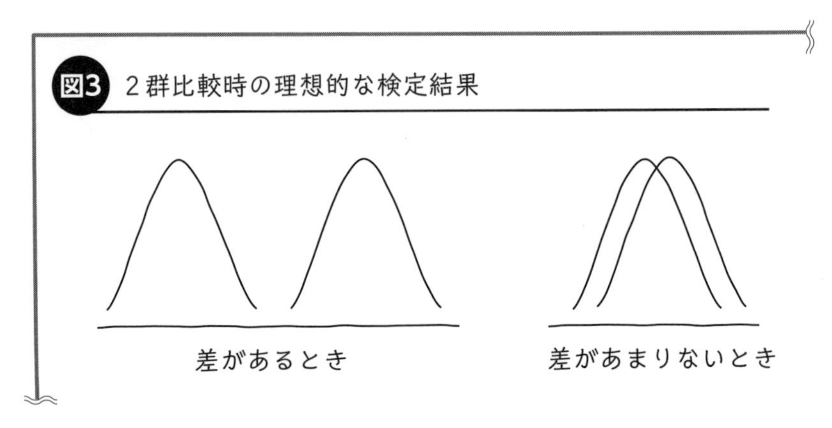

図3 2群比較時の理想的な検定結果

はい．あの，実際はこんな感じだったんですけど（図4）．

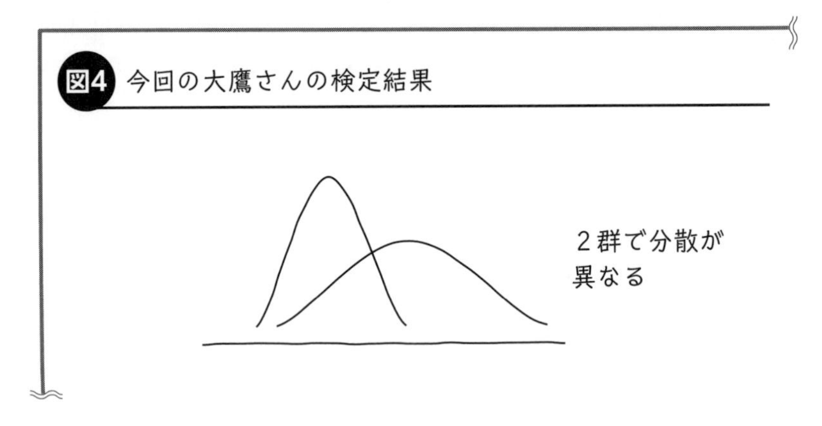

図4 今回の大鷹さんの検定結果

なるほど．2群でばらつき，統計学の言葉でいえば分散が異なる感じなんですね．

そうなんです．それで，t検定でも2群で分散が違う場合の検定をやってみました．

そうですか．実はこの各群の分散あるいは標準偏差がわかっていることは，計画時点でサンプルサイズを設定するのにとてもありがたいことなのです．今回のように事前に十分実験してしまった後であれば分散が異なるとわかりますけれど，通常は事前にはわからないことが多く，目的とする値について２群で平均は異なるけど分散は等しいと仮定することが多いです．

そうなんですね．

まあ，やはりたいていはわからないんですが，もし今回のようにわかった場合は，その値を次のもっと大きな研究や続きの研究に役立てるといったことは十分に考えられます．あるいは，事前実験がなかった場合などは，文献値とか，経験などから導かれるおよその値でもわかっておくことが大切です．

わかりました．

「**事前実験がない場合，比較する２群の平均は異なるが分散は等しいとみなすことが多い**」

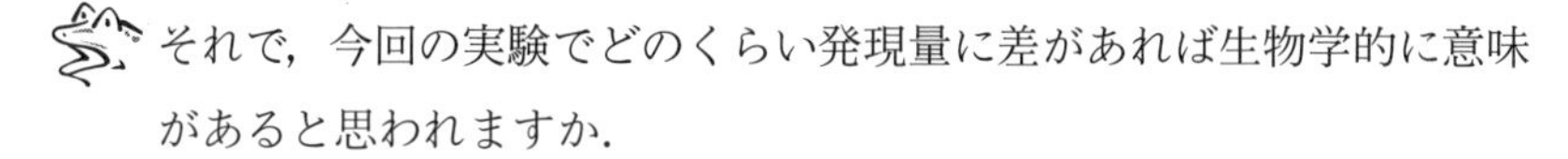
それで，今回の実験でどのくらい発現量に差があれば生物学的に意味があると思われますか．

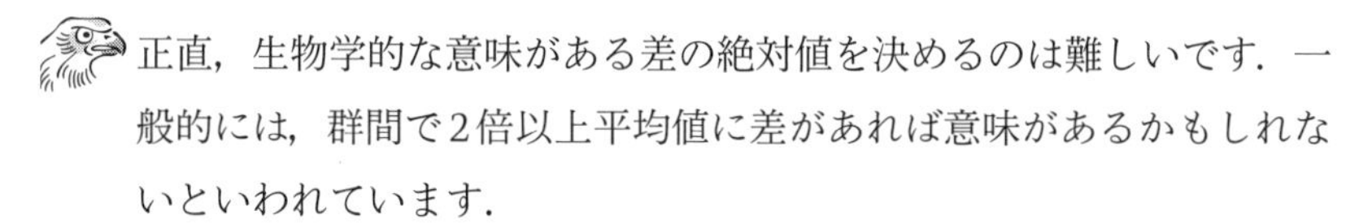
正直，生物学的な意味がある差の絶対値を決めるのは難しいです．一般的には，群間で２倍以上平均値に差があれば意味があるかもしれないといわれています．

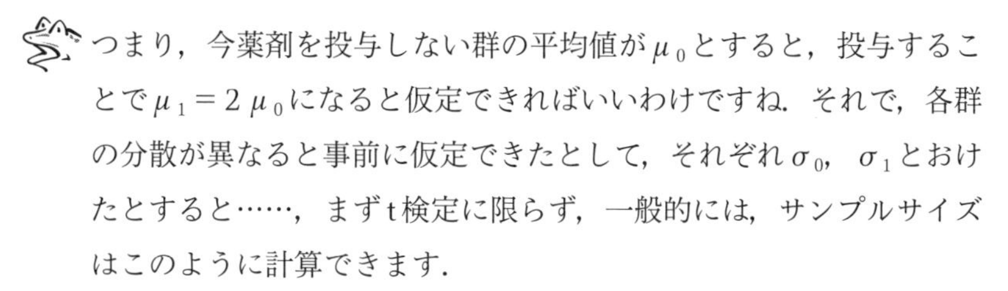
つまり，今薬剤を投与しない群の平均値がμ_0とすると，投与することで$\mu_1 = 2\mu_0$になると仮定できればいいわけですね．それで，各群の分散が異なると事前に仮定できたとして，それぞれσ_0，σ_1とおけたとすると……，まずt検定に限らず，一般的には，サンプルサイズはこのように計算できます．

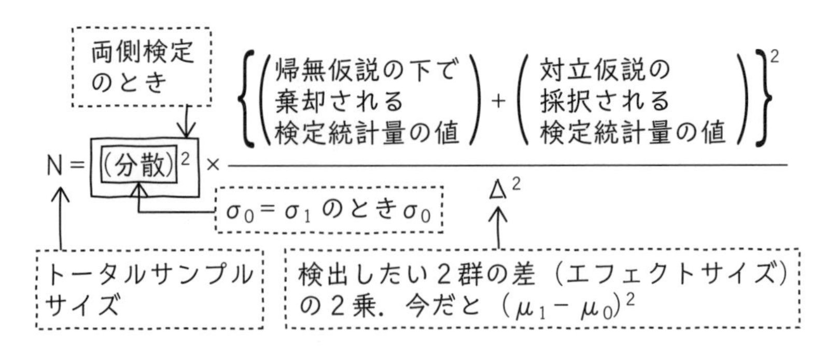

あ，その前に確認ですが，今，検証したい仮説，つまり対立仮説としては，薬剤を投与しない群の平均値が投与群の平均値「以上である」とか「以下である」すなわち$\mu_0 \geqq \mu_1$とか$\mu_0 \leqq \mu_1$，あるいは$\mu_0 < \mu_1$とかなどではなく，「薬剤を投与しない群の平均値が投与群と等しくない」という$\mu_0 \neq \mu_1$でよいでしょうか．つまり統計学的検定で棄却したい帰無仮説は，「薬剤を投与しない群の平均値が投与群と等しい」という$\mu_0 = \mu_1$でいいですよね．

対立仮説の立て方もサンプルサイズの計算に重要なんですね．

はい，実はとても重要です．対立仮説が$\mu_0 \neq \mu_1$，ということは，両側検定を行うと統計学の言葉で言い換えられて，一般的に，検定統計量が検出したい差を標準誤差で割ることによって計算しているので，例えばt検定で2群のサンプルサイズと分散が等しい場合$\sigma_0 = \sigma_1 = \sigma$とすると，先ほどの式の検定統計量がt検定統計量になるので

$$N = \sigma^2 \frac{(t_{\alpha/2} + t_{1-\beta})^2}{(\mu_1 - \mu_0)^2}$$

になります．そして平均値の差のt検定を行う場合のサンプルサイズ計算の一般式は，もし2群の割りつけ比率が1：rと決められていたとしたら，

$$N_1 = \frac{(\sigma_0{}^2 + \sigma_1{}^2/r)(t_{\alpha/2} + t_{1-\beta})^2}{(\mu_1 - \mu_0)^2}$$

ただし　$N = N_1 + r \cdot N_1$

になります．

……？

おっと．つい，数式を書いてしまったので，わかりにくいかもしれませんが，参考までに，検定を行うときのαエラー，棄却限界値，検出力，そして検定統計量の関係についてはこんなように説明されることが多いです（図5）．

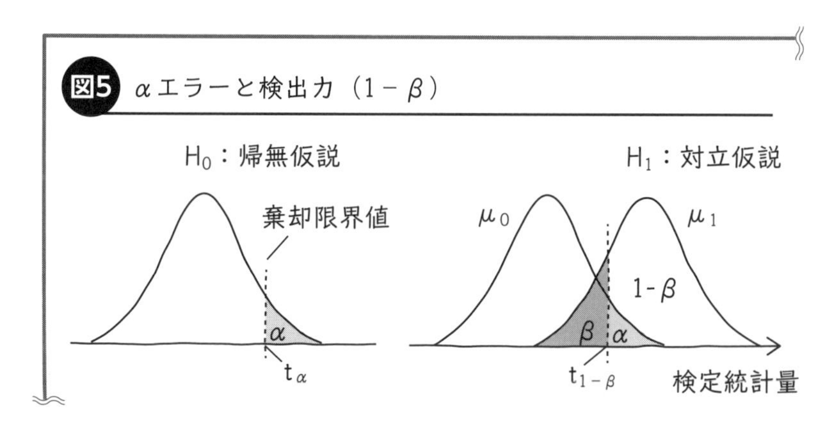

図5 αエラーと検出力（$1-\beta$）

まあともかく，今回の実験を念頭にサンプルサイズを検討してみましょうね．

棄却限界値αはたいてい0.05に設定することが多いです．

検出力は$1-\beta$エラーともいいます．βの値とは，対立仮説が正しい場合に検定を行って，間違って対立仮説を棄却してしまう確率で，これはたいてい20％～10％くらいに設定します．

で，あとは分散と今回の検定統計量である平均値の差がわかればその差から，例えばβエラー20％の確率で差があるといえるサンプルサイズを見積もることができます．

そうなんですね……．わかったようなわからないような……．

あとは，もう公式みたいなものと思ってください．$\alpha = 0.05$，$\beta = 0.2$という設定で，分散が等しく$\sigma = 2$，平均値$\mu_1 = 2\mu_0$より$\mu_1 + \mu_0 = 3$のとき，つまり，

図6 サンプルサイズ計算の条件

検定	両側
エフェクトサイズ（平均の差）d	3
αエラー	0.05
$1-\beta$エラー	0.8
$n_1 : n_2$	1：1
分散（等しい）σ	2

これらをすべて先ほどの式に値を代入して

$$N = \frac{2^2}{3^2}(t_{0.025} + t_{0.8})^2$$

とわりと簡単になります．ただし，ここで検定統計量の分布をはっきりさせるために自由度の計算が必要となります．この自由度がサンプルサイズで決まってくるt検定の場合はやや複雑になってしまいます．

だから，ちょっと単純には計算できず，計算機を使って計算する必要が出てきます．詳しいことはお手持ちのソフトウエアで計算できる場合はそのドキュメントとか，こういう教科書なんかt分布の値の表がついていたりするので利用したり読んでみるといいですよ（参考文献参照）．念のためお伝えしておくと，手計算のときの自由度は，自由度の設定の必要のない正規分布に基づく値，いわゆるZ値で最小サンプルサイズを求めておいて，その値をもとに計算をはじめてみるのがよいです．しかし，こうしたiteration（反復計算）の作業を手で行うのも大変ですので，やはり計算機の利用をおすすめします．t検定と

かであれば，例えばオンラインでフリーで入手できるもので有名なUCLAで開発されたG*power（ジーパワー）をはじめ，ほかにもいくつか「とりあえず」計算できるフリーソフトがありますし，主な統計ソフト，SAS（サス）やR，STATA（スタータ），JMP（ジャンプ）やminitab（ミニタブ）なんかでも計算できますよ．

「複雑な計算にはソフトウエアを活用する」

ありがとうございます．なるほど……ちょっと持ち帰って実は何サンプル必要だったか計算してみるとします．ただ，背景因子が揃っていることを確認したらt検定で進めてよいという点は本当に安心しました．いろいろとありがとうございました．

今回は幸い解析計画を変更せずにすみましたけれどね．くれぐれも，研究は計画的に（笑）．

はい……．次の研究はサンプル数を見積もる段階でご相談にうかがいたいです．

ぜひ．

＜コンサル終了＞

今日のまとめ

- 統計学的解析計画は，計画時点で，きちんと立てておきましょう．
- 解析計画の変更は可能ですが，データを分析しながら手法を変えることは仮説を「検証」したい場合においては，客観的な分析が行われなくなる，あるいは最初の研究目的を見失っていく可能性が非常に高いので避けましょう．
- 統計学的検定手法を用いて研究仮説の検証を行いたい場合は，仮説に基づくサンプルサイズ設計を行うことで，データを集めてしまってから研究仮説を主張するのに十分なサンプル数かどうか悩まずにすみます．

参考文献

［統計学的検定の考え方・t検定・平均値の差の検定］

- 第4章 検定，第6章 実験計画．「医学研究のための統計的方法」（Armitage P, Berry G/著），サイエンティスト社，2001
- 3.4 仮説検定，5.2 平均値の検定，9.2 標本の大きさの決め方．「医学への統計学（第3版）」（丹後敏郎/著），朝倉書店，2013
- 第6章 検定と標本の大きさ．「自然科学の統計学」（東京大学教養学部統計学教室/編），東京大学出版会，1992
- 1 意義，7 二つの母平均の差の検定．「サンプルサイズの決め方」（永田 靖/著），朝倉書店，2003

今日の大鷹さんのノート

- 基本的には計画書に書いた解析をする
- データをみた後に検定方法を変えると，検証したい仮説そのものが知らずに変わってしまう可能性がある
  - ・サンプル数が集まらなかった時点で，計画を見直すべきであった
- 非統計学的手法で設定したサンプルサイズの適不適は統計学的には判断できない

［統計学的手法によるサンプルサイズ設定のポイント］

- 検証したい研究仮説を統計学の言葉で言い換える
- 何をもって結果に「差がある」とするかは定量的に定義しておく
  - ・状況，人間の感覚，研究の目的によって尺度幅，差の絶対値がもつ意味は変わりうる
  - ・計画時点で誰にでも共通して理解できるように定義することが大切
- 事前実験がない場合，比較する2群の平均は異なるが分散は等しいとみなすことが多い
  - ・ただし，文献値や経験などによって，おおよその値はわかっておくことが重要
- サンプルサイズの計算には対立仮説の立て方が重要
- 複雑な計算にはソフトウエアを活用する
  - ・G*power（UCLA），SAS，R，SATATA，JMP，minitab などがある

About Quote of the Day

エゴン・ピアソン（Egon Sharpe Pearson, 1895-1980）

冒頭で引用した一文を記したのはエゴン・ピアソンです．エゴンはカール・ピアソンの3人の子どものうち2番目の息子になります．現代のさまざまな場面で活用されている「対立仮説が真の場合に仮説検定を行った場合，その仮説が採択される確率（検出力）を最大とする検定統計量が効率的で有用である」というネイマン－ピアソン流の考え方を，父カールの弟子であったネイマンと確立したのは息子のエゴンの方でした．

エゴンは，ちょうど父カールが他界した1936年に“The Efficiency of Statistical Tools and a Criterion for the Rejection of Outlying Observations”という外れ値の検出方法としても今でも用いられているトンプソン検定について，その良さと方法がefficient（有効）に適用できる手順をネイマンとの共著ではなく，単著（ただしSekarにより編集はされているようである）として論じています．

この論文では，トンプソン検定に限らずいかなる統計学的検定もある仮定の下で計算されるものであるため，第一種の過誤（αエラー）を維持することだけが検定のefficiencyの指標ではないと記しています．さらに，トンプソン検定がefficientである状況とその状況を適切に検出するために，データから1例ずつ外れ値かどうかを検定していく手順を述べた後，結語のなかで，“To base the choice of the test of a statistical hypothesis upon an inspection of the observations is a dangerous practice”と，今回の大鷹さんのようにデータを見て検定法を選ぶことの危険性について述べています．現代統計学の非常に汎用的な手法の土台を作った偉大な統計家さえも，現実と理論の狭間で悩んでいるような節が垣間見え，大変興味深い一言です．

相談３

実験をしてみたら，１サンプルだけ大きく外れた値が出てきました．外して結果をまとめてもよいでしょうか．

猿渡さん
以前相談した実験のデータは揃ったが，新たな問題が…….

Quote of the Day

"The world is full of obvious things which nobody by any chance ever observes."

by Sherlock Holmes in "The Hound of the Baskervilles: Chapter 3: The Problem", 1902

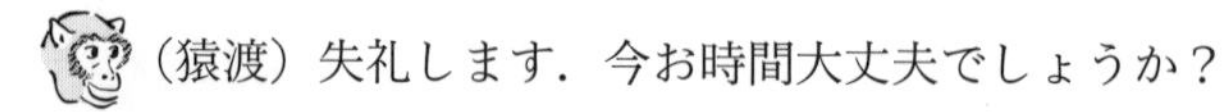

コンサルテーション開始

（猿渡）失礼します．今お時間大丈夫でしょうか？

（毛呂山）おや，猿渡さん，こんにちは．どうしましたか？

お忙しいところ突然すみません．実はまたちょっと統計解析のご相談をさせていただきたくて…….

予定を確認するから少々お待ちください．今日は……午後は特に先約がなさそうだから，大丈夫ですよ．どうぞ，お座りください．

ありがとうございます！

先日先輩の大鷹さんがお見えになりましたよ．無事に計画書が審査に通って実験はじめられたようですね．

おかげさまで…….ありがとうございました．それで，あの，その以前にご指導いただいた研究計画に従って，実験データも揃ったので統計解析に取り掛かろうというところなのですが，数値を見ていたらほかのネズミの数値とは離れた数値のネズミがいて…….これ，そのままデータに含めて解析しちゃってもいいのか悩んだのでとりあえず来ました．

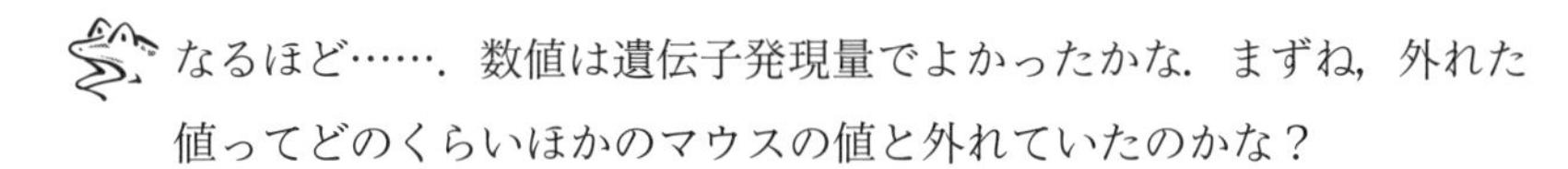

科学研究における統計学の役割

なるほど……．数値は遺伝子発現量でよかったかな．まずね，外れた値ってどのくらいほかのマウスの値と外れていたのかな？

どのくらい……と聞かれると答えにくいのですが……結構？ 明らかに？

…….

その値の分布は確認したのかな？

分布の確認ですか．

そう．どうやって，外れているってわかったのかな？

数字を入力していて……あ，大きな値だな，と思って．

なるほどね……．値を一つひとつ確認するのは，測定を理解しデータを把握するのにもとてもいいことだと思うんですよ．でもね，今，10匹だっけ，20匹だっけ？

結局24匹にしました．

そうなのね．24匹だと全部ご自分で実験結果を入力して一つひとつの値を観察できて，さらに24個の数値くらいならばきっと覚えられているから，「なんとなく，これ外れている」とわかったのでしょうね．けれどもこれが2,400匹だとどうでしょう？ ちょっと辛いよね．

はい……．そんなデータを扱う機会はなさそうですが．

そうかもしれませんが，例えば人間のデータだとそのくらい普通に扱うよね．ほら，「ビッグデータの時代」だし，ともすれば240万人，いや，2,400万人なんて人数のデータ普通に集められるでしょ．

まあ，ヒトなら．

つまり，統計学は基本的に，そういう「集団」の「特徴」を「定量的」

に「要約」して分析したいときに役立つ学問なのですよね.

…….

どうしました？

じゃあ，20匹程度のデータなら統計学はいらないのですか？

いや，そういうことじゃなくてね．そもそも，計画のときにお話ししたと思うけど，猿渡さんの研究目的は，「薬を投与するのと投与しないのではマウスの遺伝子発現量に差があるかどうか」を調べることだったじゃないですか．そのマウスは今調べている24匹に限った話にしたくない，できれば「想定しうるどんなマウス」でも，薬を投与するのとしないのとで，発現量が変わるか変わらないか調べたいわけだよね．そして，この「想定しうるどんなマウス」にもこの実験結果は当てはまるということをいうのには「どのマウスをどのくらい実験に使えばいいのか」ってことを考えなくてはいけなかった.

はい.

その，「どのくらい」のマウスを「どのように」分析する，を考えるのに役立つのが統計学です．たとえ小規模な実験でも，その研究仮説をできる限り再現性をもって一般化したいとお考えならば，統計学的な思考で研究計画を立て，そして統計学的な方法で仮説の検証や探索を行うことが有意義になるわけなのですよ.

そう，なんですね……，そうなのか…….

はい．統計学に基づいているからこそ，2,400万匹調べなくても，たった24匹調べるだけで，ある程度薬効と関連がありそうな遺伝子領域を特定できるかもしれない，ということになるわけなのですよ．逆にいうと，統計学に基づいて考えると，今猿渡さんが知りたい仮説を検証するだけだったら，少なくとも2,400万匹も必要ないってことがいえるかもしれないのです.

「統計学は，限られた集団の特徴から
一般化された結論を導きたいときに役立つ」

「外れた値」を視覚化する

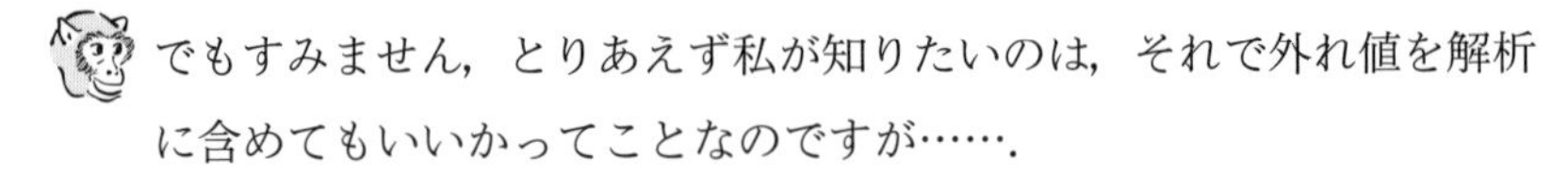

でもすみません，とりあえず私が知りたいのは，それで外れ値を解析に含めてもいいかってことなのですが…….

まあまあ．そう結論を急がずに．

で，猿渡さんは，その「外れ値」を含めてもいいと思うわけなのですか？

実験がうまくいかなかっただけかもしれないので，外した方がいいのかなって思いました…….けれど，もしかすると，すごい「発見」かもしれないですよね．そうすると，外すともったいないかなとか…….

その2つを区別するのは，すごく難しいですよね．ちょっと横道にそれますけどね．猿渡さんが科学者になりたいと考えているなら知っておいた方がよい科学的証明に関する有名なたとえがあります．あ，もしかしてどこかで科学哲学の講義を聴いていたら，あるいはどこかで勉強しているかもしれないんだけど．

科学哲学？

学部生の頃の遠い記憶かもしれませんが，実はこの科学哲学と統計学はとても深い関係にあるのですよ．それでね，こんなたとえがあってね．

天文学者と物理学者と数学者がスコットランドで休暇を過ごしていたときのこと，列車の窓からふと原っぱを眺めると，一頭の黒い羊が目にとまった．
天文学者がこう言った．「これはおもしろい．スコットランドの羊は黒いのだ」．
物理学者がこう応じた．「何を言うか．スコットランドの羊のなかには黒いものがいるということじゃないか」．
数学者は天を仰ぐと，歌うようにこう言った．「スコットランドには少なくとも一つの原っぱが存在し，その原っぱには少なくとも一頭の羊が含まれ，その羊の少なくとも一方の面は黒いということさ」．

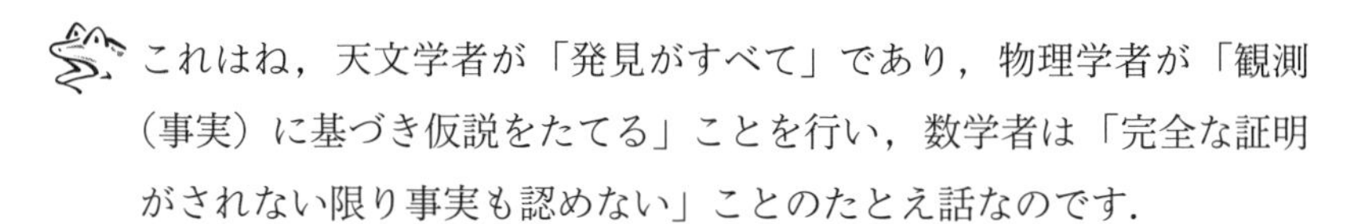

これはね，天文学者が「発見がすべて」であり，物理学者が「観測（事実）に基づき仮説をたてる」ことを行い，数学者は「完全な証明がされない限り事実も認めない」ことのたとえ話なのです．

はじめて聞きました．生物学者は天文学者寄りですかね．

確かに新種が発見されることは発見されただけで価値があることもあります……が，むしろこのたとえは学問の分野によって，専門性によって，ものの見方，科学の論じ方にはずいぶん差がある，ということを示唆しているのですよ．

しかしですね，分野や専門性にかかわらず，少なくとも一般的には，科学的に証明が行われるということは，「再現性」がないとだめとされています．

それは，わかります．だから，みんな躍起になって「追試」するわけですよね．

はい．その，科学的仮説の「再現性」について，「定量的」に論じるのに役立つのが「統計学的推測」なのです．

猿渡さんの実験の例だと，その「統計学的推測」に基づけば，2,400万匹実験しなくても，24匹程度の実験である程度薬効に関連する領域を特定できるわけなのです．しかし，実際に観測した結果「外れた値」というのが出てきた．そしてこれが単に実験を失敗したせいなのではなく，さっきのたとえ話でいうと「黒い羊」かどうかを気にしていらっしゃる．

つまり，私はてっきり何かしらの黒い羊を発見したと思い込んでしまっていたかもしれないと．

そうかもしれませんね．

どちらにせよ，24匹しか観測していないので，「黒い羊」かどうかはわからないですよね．

そうなのです．いや，実は2,400万匹観測したって，「黒い羊」かどうかは「数学者的な視点」に立てば，わかりません．なぜならば，世界中のネズミはきっと2,400万匹以上いるでしょうし，たとえ，世界中のネズミを調べ切れたと思ったとしても，未来のネズミと過去のネズミまでは調べ切れていませんからね．生物のデータを扱うにあたって数学者の求める「完全」を調べつくすのは不可能に近い．そこで，「統計学的推測」が役立つわけなのです．

「**全数調査が不可能なときも，**
統計学により全体の推測ができる」

くり返すとね．ビッグデータだろうが，スモールデータだろうが「完全」でない限り「推論」の域はでないし，推論の方法も考え方も基本的に同じであるはずなんですよね．はずなんだけどね…….まあ，いいや．ブツブツ．

そ，そうなんですね．それで，結局どうすれば…….

じゃあ，24匹調べたときと2,400万匹調べたときの若干の違いを教えましょう．

世界中のネズミ，このようなものを母集団といいますがその遺伝子の発現量の分布が正規分布に近いと仮定できても，24匹の値をプロットすると，このようになっていたりしませんか（図1）？

この一変量の分布をヒストグラムで確認することからデータの分析がはじまります．今日一番はじめにお尋ねしたのは，こういったヒストグラムを描いてみましたか？ということだったのです．

なるほど！ あ，ちょっと今このパソコンにデータが入っているのでやってみてもいいですか？

図1 遺伝子発現解析結果をヒストグラムで図示した例

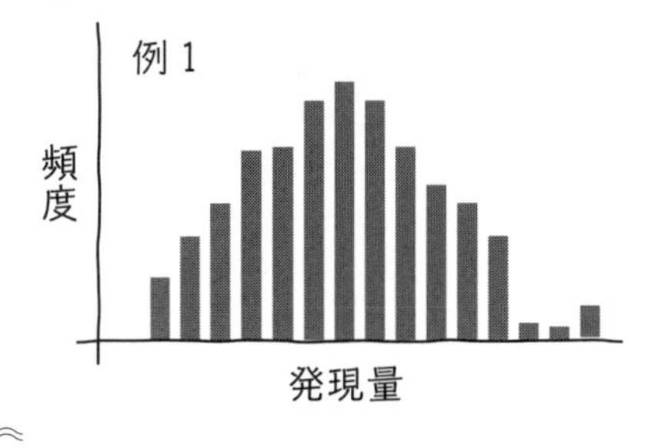

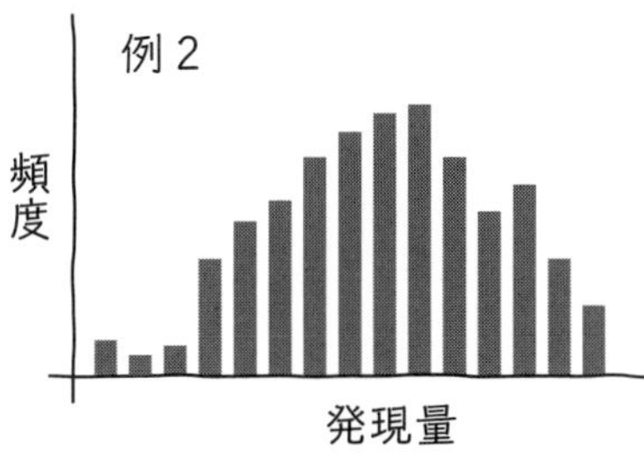

どうぞどうぞ．ふむふむ．Excelで入力してあるんですね．分析のソフトウエアは何を使っているのでしょうか．

Excelで……．でも，最近Rを勉強中です．Rでもこういうヒストグラムが描けますか？

もちろんです．グラフだけなら，JMPとかS-PLUSの方がきれいで簡単に描けるけどね．Rはプログラミングが好きなら自由度が高くて好きなようにグラフが描けるのがいいですね．

そうなのですね．おいおい勉強します．Excelだと，こんな感じに描けました．……あ，ほんとだ．私が気にしていた値Aはここです（図2）．

図2 猿渡さんの実験データ（n＝24）

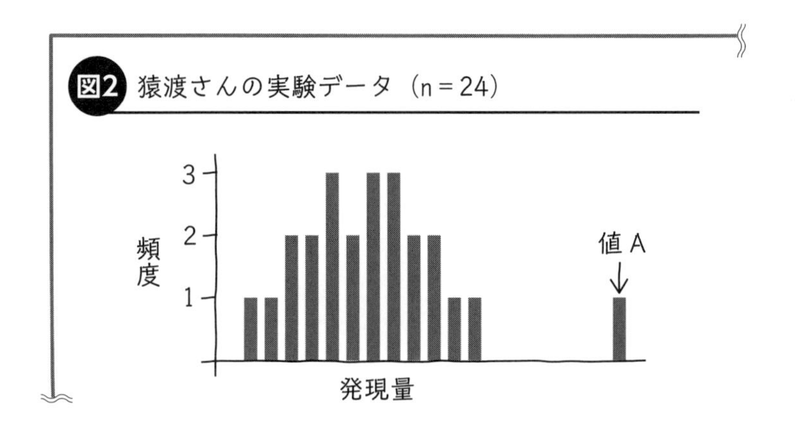

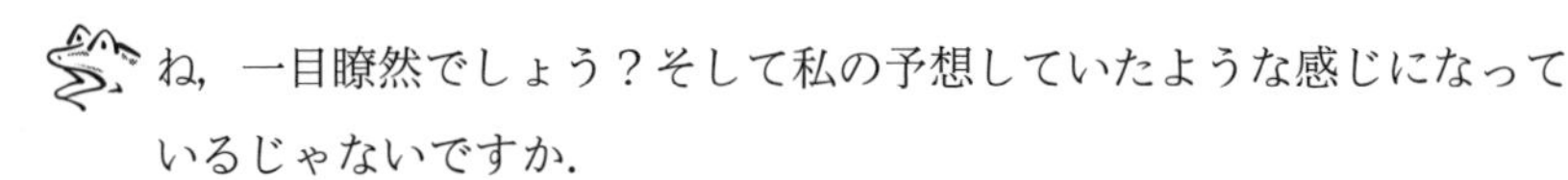

ね，一目瞭然でしょう？そして私の予想していたような感じになっているじゃないですか．

本当ですね．

それでね，きっと2,400万匹にすると，こんな感じになるのですよ（図3）．

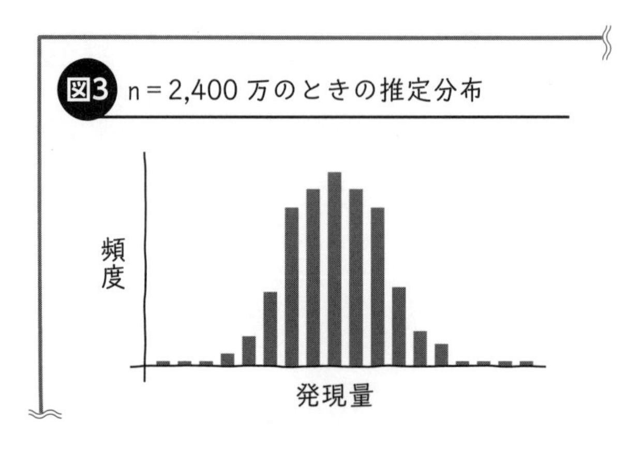

図3 n＝2,400万のときの推定分布

そう，かもしれないですね．

まあ，あくまで想像と仮説の話なのですが．つまりは，母集団の全数調査をしない限り必ず生じるサンプリング誤差を考えれば，24匹程度であれば偶然少し分布の端の方の値があってもおかしくなさそうでしょ．

確かに．値Aは物理学者的な黒い羊に近いということですね．

だから，最初に「どのくらい外れていますか」と尋ねたのです．

「 **ヒストグラムは「外れ」の程度を視覚化できる** 」

どのくらい外れているかの目安を見るのには，ヒストグラムもいいのですが，箱ひげ図が役に立ちます．

箱ひげ図はExcelでもできますよね．

はい．外れた値があると，平均値もその値に引っ張られて，外れた値がない場合より大きくあるいは小さくなってしまいますので，外れているか外れていないかの判断には一般的には四分位点を基準に考えます．

猿渡さんのデータは，大きい方に外れているかを知りたいので，75パーセンタイル点を基準に，そこから，25パーセンタイル点と75パーセンタイル点の距離，これをInterquartile range（IQR）とよびますが，このIQRの何倍くらい離れているか測ります（図4）．

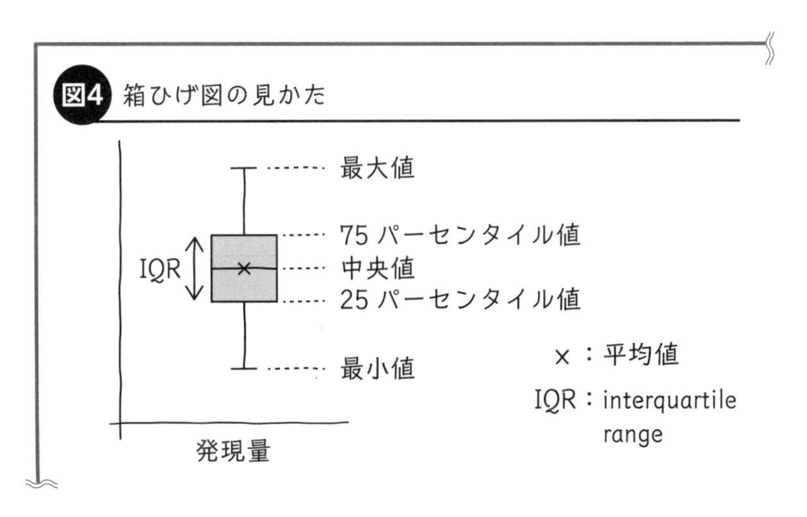

とういこうとは，外れ値かもしれない値も入れて，箱ひげ図を描けばよいのですね．……Excelで描けました！（図5）

猿渡さんの実験データで描いた箱ひげ図

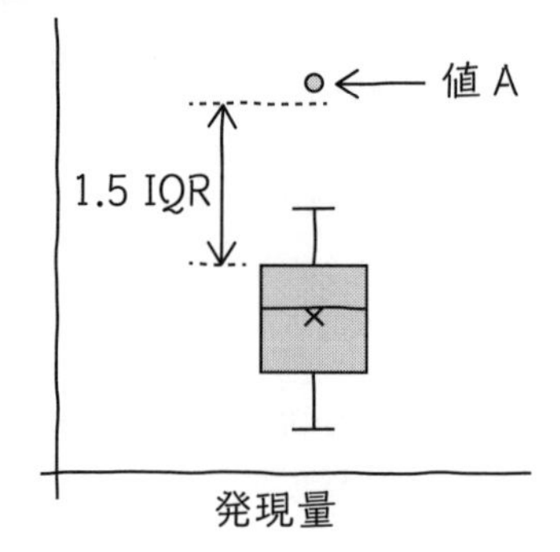

※Excel は 75 パーセンタイル値 +1.5 IQR もしくは 25 パーセンタイル値－1.5 IQR を超えた値を外れ値として処理する

Excelだと，ここが75パーセンタイル＋1.5IQRで，これ以上外れていると外れ値かも，ってなるわけなんだよね．

「外れ値かどうかの判定には，
箱ひげ図が役に立つ」

外れ値と判断できたら，その後は？

なるほど，じゃあ，外れ値としていいのですね！

ここで，最初に回り道してお話ししたことを思い出してほしいのです．1つの基準として，今，ここにあるデータだと外れ値っぽいってことになるんだけど，これがサンプルサイズを大きくすれば全然外れ値じゃなくなる可能性も十分あるってこと，覚えておいてね．しかも，1.5IQRってExcelだとそうなんだけど，もっと厳しい基準にして3IQR以上離れてないと外れた値とみなさないってことにしたら，どうなるでしょう．

3IQRは……．あ，外れ値じゃなくなりますね．

そうでしょ．だからね，外れ値か外れ値じゃないかって，本当に決めるのは難しいんです．

「**外れ値の基準は一定ではない**」

たしかに……．じゃあ，どうすればいいのでしょう……．

まずは，この観測された絶対値自体が，生物学的に外れた値かどうかが判断の目安として非常に大事です．例えば，よく測定されている値，身長が3 mという人がいたとすると，地球人であれば，「ものすごく背が高い人だ」ってわかりますよね．ギネス記録（2.72 m）を超えていますので，かなりの“発見”です．ただ，今注目している測定量，ある遺伝子の発現量って，測定自体が相対的に行われているので，測定された観測値の生物学的意味を考えるのって難しいですよね．

正直，生物学的な意味がある差の絶対値を決めるのは難しいです．

そうなのです．そして，そういう場合がほとんどだと思います．だか

ら，外れ値自体の絶対値をどうこう気にするよりは，今回の研究での仮説を証明するにあたって，外れ値がどう影響するか，ということを気にした方がよいのです．

「**外れ値の絶対値より，それが仮説の証明に与える影響に注意する**」

なるほど．では平均値の比較に外れ値っぽいものが影響するかどうかを調べるということですね．

その通りです．

……．

どのように？

手っ取り早いのは，外れ値らしきものを含めた場合と含めなかった場合で同じ解析をします．こういう解析を「感度分析」といったりします．ちなみに，感度分析には，外れ値の影響を見る以外にも，例えば，測定できなかったデータ，つまり欠測値が結果に与える影響を見るために用いたり，ある統計手法を適用するにあたって適当におかれた仮定やパラメータが正しかったかどうかということを確かめるために，仮定を変えて方法を適用する場合なんかにも使われる用語です．

実験条件を変える感度分析と似たような感じでしょうか．

そうですね．

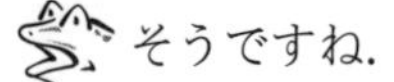

なるほど．それで，結果があまり変わらなければ問題ないと．変わる場合にはどうしたらいいですか？

今回は結論に影響を及ぼすほど結果を変える外れ値のようには思えませんが，万が一そうなった場合，一般的には計画書に載せた外れ値の扱いに従います．もし外れ値の扱いをどうするか載せていない場合は，すべて含めた解析と感度分析の結果を両方報告して，考察するのがよいと思います．

外れ値の扱いについても計画書に載せた方がよかったんですか!?

はい．実は，厳密には計画書，特に「解析計画書」を用意しなければならない大きな研究や倫理規制の厳しい臨床試験の場合などには事前に決めておかないといけません．その決め方によっては研究の結論が変わってしまったりもしますからね．

「**計画書には外れ値の扱い方を載せておく**」

そうなんですね……．計画って難しいけれど，確かに計画時点ですべて取り決めておけば論文にするのは早そうです．今後はできる限りの想像力を働かせて計画書を書いてみようと思います．

それをとてもおすすめします！

＜コンサル終了＞

今日のまとめ

- 観測された値を外れ値と決めるのはとても難しいです．統計学的にもある程度は推測できますが，生物学的あるいは医学的に外れた値かどうかということ以外には外れ値を定義すること自体に意義をなさないことは多いです．
- 外れ値の絶対値を気にするよりは，研究の主目的を達成するのに，外れ値の存在がどう影響するかを気にしましょう．感度分析によって外れ値の影響を確認できます．
- 感度分析をするかどうかは，できれば**計画時点**で考えておきましょう．

今日の話の参考文献

- Stewart I：「Concepts of Modern Mathematics」，Dover Publications, 1995

今日の猿渡さんのノート

- 統計学は，限られた集団の特徴から一般化された結論を導きたいときに役立つ
- 全数調査が不可能なときも，統計学により全体の推測ができる
- ヒストグラムは「外れ」の程度を視覚化できる
  - グラフ作成ソフトには Excel，JMP，S-PLUS，R などがある
  - R はグラフ作成の自由度が高いが，プログラミングの知識が必要
- 外れ値かどうかの判定には，箱ひげ図が役に立つ
  - 箱ひげ図は四分位点を基準に外れ値を判定する
- 外れ値の基準は一定ではない
  - Excel はデフォルトで 75 パーセンタイル値 +1.5 IQR もしくは 25 パーセンタイル値−1.5 IQR を超えた値を外れ値として処理する
- 外れ値の絶対値より，それが仮説の証明に与える影響に注意する
  - 外れ値の影響を調べるには感度分析を用いる
- 計画書には外れ値の扱い方を載せておく
  - 外れ値が出た際の扱いは，実験計画時にあらかじめ取り決めておく

About Quote of the Day

シャーロック・ホームズ（コナン・ドイル, 1859–1930）

シャーロック・ホームズは言わずと知れた名探偵です．しかしながら，ほかの名探偵と一線を画すのは，彼自身が自分のことを“consulting detective”つまり，コンサルタントである，といっていることです．難題を自身が解決するというより，特に鋭い観察と科学的な手法および非常に論理的な思考により与えられた難題を解いて警察に解決するヒント（たいていは正解そのものですが……）を与える．その姿勢と仕事内容は，とても“consulting statistician”のそれとよく似ていると親近感を感じてしまうのは筆者だけでしょうか.

そのホームズが「バスカヴィル家の犬」のなかで，殺人の謎について一人で考えているところへ相棒のワトソン博士がやってきた際に，彼がホームズのところにやって来る前に何をしていたか，身なりを一見してあててしまったことに驚いたワトソン博士に放った一言が“The world is full of obvious things which nobody by any chance ever observes.”なのです．つまり，案外私たちが見過ごしていることはたくさんあるのですが，鋭い観察と深い洞察力によって一般的には見えないものも明白になるということです．外れ値を分析から外す前に，観測されたデータが外れている，ということにさえ，深い意味があるかもしれないということをよく考えてみると，見えていなかった明白な事実が簡単に浮き出てくるかもしれません.

相談4

検定でp値が0.05より大きかったです．実験は失敗だったのでしょうか．

犬飼さん
大鷹さんの1年後輩．博士課程在籍中．いまは脳科学の研究室でフラフラ病研究に従事．

Quote of the Day

"Absence of evidence is not evidence of absence."

by Douglas G Altman in BMJ, 1995

コンサルテーション開始

（犬飼）失礼します．メールでご連絡していた犬飼です．

（毛呂山）はじめまして，犬飼さん．大鷹さんのご友人でしたよね．どうぞこちらにおかけください．

ありがとうございます．大鷹さんは1つ上の先輩だったので学部のときにお世話になりました．大学院では僕は違う研究室に進んでしまったので最近会う機会が減ってしまったのですが，たまたま久しぶりにお会いしたときに毛呂山先生のことを伺ってご連絡した次第です．

そうだったのですね．では今はご専門が大鷹さんとは違うわけですね．

はい．僕は脳の研究をしている研究室に進んだのです．ですので，今日は今取り組んでいるフラフラ病の発病メカニズムに関する研究のデータを分析していてわからないことがあり，お伺いしました．

解析方法をいつ決めるか

メールで計画書はいただいていたので，拝読いたしました．データはすべて揃っているのですね．

はい．それで，論文執筆に取り掛かっているところなのですが，有意差が出なくって…….まずはちょっと研究のご説明をさせていただきます．僕は今回フラフラ病発症に関与していると思われるタンパク質のノックアウトマウスの脳内での発現量をウェスタンブロット法で測定しました．また運動機能の測定は，ある電気刺激を与える群と与えない群に分けて2日間行いました．そうすると，こちら（図1）のようなグラフになりました．

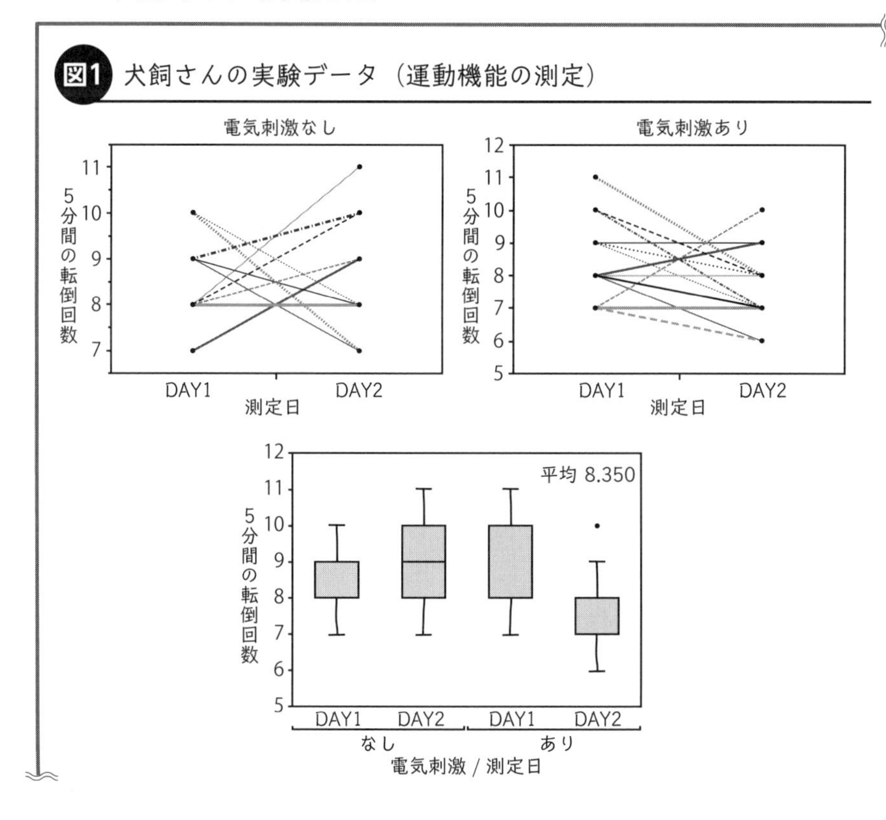

また，くり返し測定しているので二元配置の分散分析を行ったんですよね．それで，検定した結果がこのように（図2）なったのですが……まず，この方法はあっていますか？

図2 犬飼さんの実験データの解析結果（二元配置分散分析）

あてはめの要約

R2乗	0.118187
自由度調整R2乗	0.070947
誤差の標準偏差(RMSE)	1.133893
Yの平均	8.35
オブザベーション(または重みの合計)	60

分散分析

要因	自由度	平方和	平均平方	F値
モデル	3	9.650000	3.21667	2.5019
誤差	56	72.000000	1.28571	p値(Prob > F)
全体(修正済み)	59	81.650000		0.0686

パラメータ推定値

項	推定値	標準誤差	t値	p値(Prob>|t|)
切片	8.5333333	0.20702	41.22	<.0001*
電気刺激[なし]	−0.066667	0.20702	−0.32	0.7486
測定日[DAY2-DAY1]	−0.366667	0.29277	−1.25	0.2156
電気刺激[なし]*測定日[DAY2-DAY1]	0.5666667	0.29277	1.94	0.0580

なるほど……．あっているといえばあっているように思いますが，方法が適切かどうかは検証したい仮説によります．

「**解析方法が適切かどうかは検証したい仮説次第**」

ところで犬飼さんは，電気刺激を与えたときの，マウス脳内のあるタンパク質の発現量変化の有無に興味があるのか，運動機能の変化に興味があるのか……，どっちですか？

どっちもです．

……．

なるほど．分散分析は運動機能の変化を見るのに用いたのですね．タンパク質の方は？ 計画書にも具体的な解析方法は書いてありませんでしたが……．できれば，実験の手技と同じくらい，統計解析の手法も計画書に書いておくと，実験が終わったあとに解析方法に悩まずにすみます．

でもデータをみないと解析方法は決まらないのではないでしょうか？

うむ．そうともいえるしそうともいえないのですよ．なかなかこれは難しい問題なのですが，ある程度実験を計画的に行っている場合には測定されるデータについて予測が立っていることが多いです．そういう場合には得られる予定の測定データに「統計学的モデル」を仮定し，そのモデルのもとで検定や推定を行うので，データを測定する前に解析方法は決定していないといけません．

でも，測定してみないとどんなデータになるかわからない場合は後から考えるしかないですよね？

そうなのですが，おそらく，どんなデータになるか全くわからない測定というのはめったにないのですがね……．なぜなら，測定機器が開発された時点である程度どんな測定が行われるかが想定されていますからね．

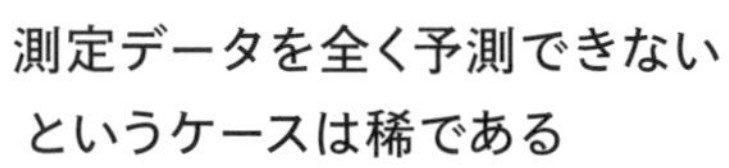

もちろん予想外の測定結果が得られる可能性はゼロではないですから，その場合にはデータが測定されてから解析方法を考える必要性があります．しかしながら，その「予想外の測定結果」についても，実はどうするか事前に決めておく必要があるのですよ．

予想外の測定？

はい．例えば，多くの統計学的手法は，測定値の母集団分布が正規分布であると仮定していますが，その仮定から測定値が外れるようなことが起きた場合や，そもそも測定が予定数より全然得られなかった場合など，です（相談2，3参照）．

そうなのですね……．次の実験からは実験前によく考えてみます．

t検定と共分散分析の使い分け

今回はときすでに遅しなのですが，どうしたらよいでしょうか？

データを解析しながら解析方法を決めてしまうことに問題がある場合が多いので，そういうときは，まだデータをみていない人が決めればよいのですよ．つまり，予定外の解析方法を考える場合にでも，こういう統計コンサルテーションは役に立つわけです．ただし，データを見ながらでないと決められない方法もあるので難しい問題ではあるんですがね…….

なるほど．それで，先生ならばタンパク質の発現量の変化を解析する場合どうされますか？

タンパク質の方は，同じマウスで刺激を与える前と与えた後に測定ができないので，結局，同じ系で刺激を与えた群と与えない群とで比較を行っていますね．だから，独立な2群の平均値に差があるかどうか検定を行って検証したければ，最もシンプルな手法としてはt検定を行えばよいということになりますね．

なるほど．

これに対して，運動機能の方は，電気刺激を与える前と与えた後で運動機能を測定されているのでしょうか．

はい．刺激を与える前の値をベースライン値としています．

それはよかった．刺激を与えた直後の値をベースライン値としてしまうと間違った結果を導き出す可能性がありますので…….

そうなのですね．それで，分散分析でよかったのでしょうか．研究室のほかの方からは，ベースライン値と2日後の測定値との差をとって，対応のあるt検定を行えばよいのではという指摘も受けました．でも，その方法でやってみても有意差はなかったのですが…….

2群にわけるときにランダム化がうまくいっていれば，つまり，ベースラインの分布に2群で差がなければt検定でもよいのです．しかし，その保証を得るのは，特にそこまでサンプル数が大きくない場合には難しいので，一般的にはベースライン値で調整した共分散分析を行って，介入後の値に変化があったかどうか検証することが多いです（図3）．それに，もしベースラインの値と介入後の値に相関が高ければ，ベースライン値で調整した共分散分析を行う方が，調整しないほかの方法に比べ介入効果を効率よく検出できる，つまりサンプルサイズが少なくてすむことが知られています．

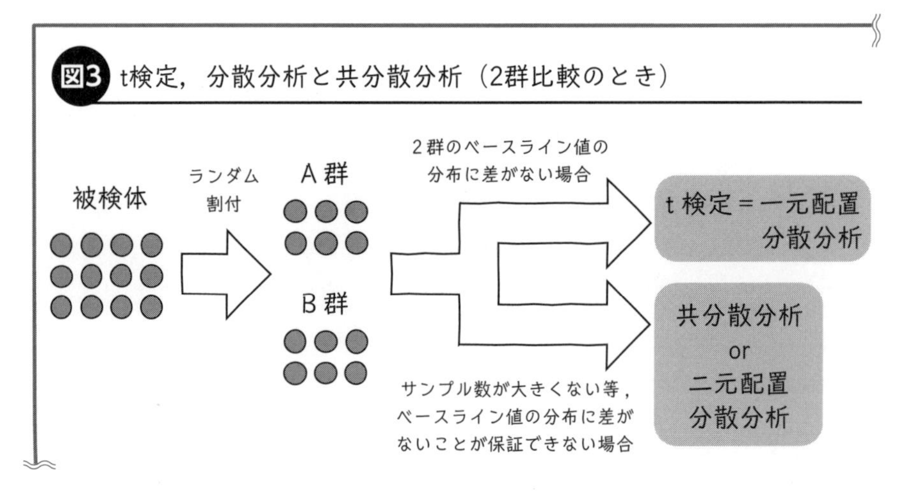

図3 t検定，分散分析と共分散分析（2群比較のとき）

今回，二元配置の分散分析を行ったのは間違いで，その共分散分析を行えばよかったのでしょうか？

いえ，だからそれが，仮説になります．時間（日）×介入（電気刺激）の交互作用を検出する，つまり集団での平均の変化を知りたい，というのを目的とした場合が二元配置の分散分析が適切な場合で，介入後の個々体の平均値の変化に差があるかどうか興味があるのであれば共分散分析を行うことになります（図4）．実は2時点だとさしたる解釈に差は出ないのですが，時点が増えると面倒な話が出てきて……．

図4 分散分析（analysis of variance：ANOVA）と共分散分析（analysis of covariance：ANCOVA）

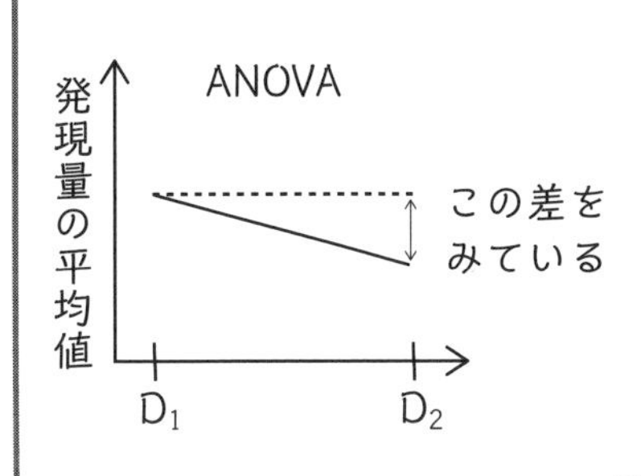

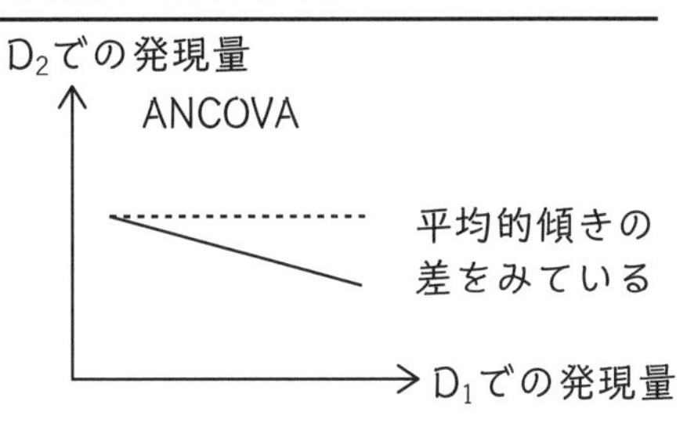

D_1：DAY1　　----- ：電気刺激なし
D_2：DAY2　　—— ：電気刺激あり

じゃあやっぱり，今回やり方としては間違っていなかったんですね…….平均がどうなるか知りたかったので…….

p > 0.05 が意味するもの

まあ，そうがっかりせず．まずは有意差がないって，検定した結果のp値はいくつだったのでしょう．

0.058なのです．

惜しい感じだったんですね（笑）．

そうなんですよ！ 実験をやり直したらうまくいくかなって思ったり…….

まあ，確かに，運動機能の測定もばらつきが大きそうですので，次に「偶然に」差の大きさはこのままでばらつきが小さくなってくれれば，まあ，p値は0.05より小さくなるかもしれないですよね…….

じゃあ，やっぱりやり直したらいいんでしょうか？

いやいや，闇雲にやり直しても時間とお金の無駄ですよ．

まずね，この研究結果からいえることを考えてみましょう．p値が0.05より大きかったからって本当に電気刺激に意味はないという結論はつけられませんよ．

そうなんですか？

そうです．そもそも，p値の意味ってなんだかご存知でしたでしょうか？

検証した仮説が得られる確率でしたっけ．

残念．検証したい仮説と反対の仮説，たいてい帰無仮説といわれますが，この帰無仮説が真のときに，観測データかそれより極端なデータが得られる確率です．つまり，帰無仮説が真のときにある統計モデルに従って計算された統計量が得られる確率なので，そもそも仮定された統計モデルも正しくないといけないんですよ．

……．つまり……？

つまりね．今，2群の平均値は，ベースラインの値を調整しても同じである，という仮説のもとで計算された検定統計量が，その仮説の下で得られる検定統計量の分布のどのあたりにあるかで，p値が計算されているわけです．今回の場合はp値が0.058ということでしたから，逆にいうと，約6％の確率で平均値の差が……，いくつでしたっけ？

ええと……．あ，1回でした．

5分に1回の差が得られる，ということが，本当には転倒回数に差がない世界でも6％くらいは起こるので，差がないという仮説は否定できない．ということになるのです．

だから，つまりは運動機能に改善はなかったと．

これがなかなか皆さん理解に苦しむところなのですが，「差がない」ことが否定できなかっただけで，「差がない」ことにはならず，つまり「差がある」，今回の場合は「運動機能が改善する」とはいえないだけで，「改善しない」とはいえないんですよ（図5）．面倒くさいことなのですが……．

図5 $p > 0.05$が意味するもの

$p > 0.05$
・差がないこと（帰無仮説）を否定できない
・統計学的に有意な差がみられない
・差があるとはいえない

≠

犬飼さんの結果を解釈すると…

・A群とB群の差1回
・$p = 0.058$

＝

本来差はないにもかかわらず，偶然1回の差がついてしまった可能性を否定できず，今回の結果からは電気刺激が運動機能を改善するとはいえない

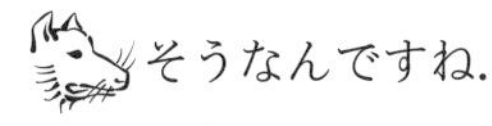
そうなんですね．

逆に，帰無仮説が正しいもとでも，つまりは，真に運動機能改善に電気刺激の効果がない場合でも，このくらいの差は6％くらいで生じるのです．この差が本当にあるかを検証したい場合は，統計学的に十分に差があるといえるサンプルサイズを確保する，それでもこの結論が得られたならば，効果があるという証拠は得られなかったと結論できますが，十分なサンプルサイズが確保されていない場合には引き続き検証を行うなどの検討が必要になると思います．このとき，その電気刺激によって5分に1回，転ばなくなったということが，本当に生物学的に意義がある介入といえるかもよく考えてくださいね．

確かに．そう言われてみると元の半分，つまり今だと5回くらい平均的に減ってくれないと意義が小さい気もしてきました．

では，今回ご相談させていただいた内容をもとに，このままこの結果を「電気刺激に効果があるとはいえなかった」とまとめるか，もう少し検証を進めるかボスと相談してみたいと思います．

それがよろしいかと思います．

「**サンプルサイズが少ない場合，**
有意差の解釈には注意が必要」

そもそも仮定は正しいのか？

今適用した手法に敷かれた仮定が正しくないという場合もあるんですよね．

もちろん．その場合も注意が必要です．例えば基本的に今回適用した手法は介入後の測定値がベースライン測定値と介入効果で説明されない分，つまりモデル残差が正規分布に従っていることが前提となっていますが，それを確認することはとても大切です．

そうなんですね……．今行った検定の前提となる仮定については理解が及んでいないこともあると思いますのでご相談させていただいてもよろしいでしょうか．

喜んで．またいつでもご連絡ください．

ありがとうございました．

「**検定の前提となる仮定についても理解しておきたい**」

＜コンサル終了＞

今日のまとめ

- 統計学的検定結果として計算される**p値は，検証したい仮説が得られる確率ではありません**．検証したい仮説と反対の仮説（帰無仮説）が真である，という仮定のもとで，観察結果かそれより極端な観測が得られる確率です．
- **p値が有意水準（たいていは0.05）より大きかったからといって，検証したい仮説が間違っていた，という証拠が得られたわけではありません**．観測データが帰無仮説のもとで得られる確率が有意水準より大きかった，つまり，帰無仮説が正しくないとはいえない，ということになるだけです．
- 検定方法は**計画時点**に考えておきましょう．データを解析しながらの手法の選択は判断にバイアスを生じる原因となりうるのでやめましょう．データに基づく計画変更などがある場合―データを得て，計画された解析手法の背景にある前提（仮定）が正しくないと判断した場合―も例外ではありません．

参考文献

- Vickers AJ & Altman DG : Statistics notes: analysing controlled trials with baseline andfollow up measurements. BMJ, 323 : 1123–1124, 2001
- Greenland S & Poole C : Problems in Common Interpretations of Statistics In Scientific Articles, Expert Reports, and Testimony. Jurimetrics, 51 : 113–129, 2011

<今日の犬飼さんのノート>

- 解析方法が適切かどうかは検証したい仮説次第
- 測定データを全く予測できないというケースは稀である
  - 計画的に実験を進めることが大切
  - 予想外のデータが測定されたときの解析方法も計画時に定めておく
- サンプルサイズが少ない場合，有意差の解釈には注意が必要
- 検定の前提となる仮定についても理解しておきたい
  - 仮定が正しくない場合もある

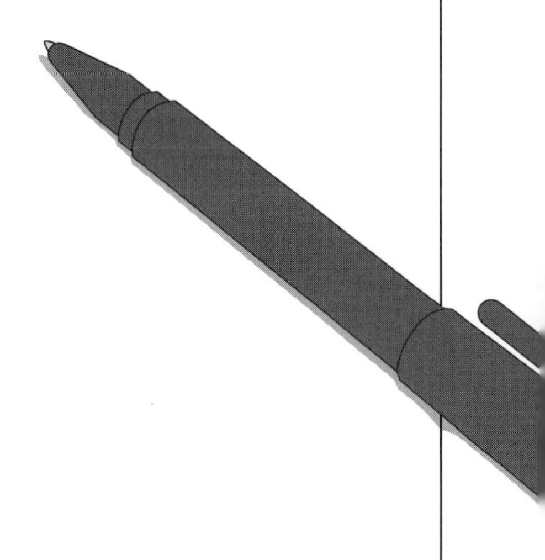

About Quote of the Day

ダグラス・アルトマン（Douglas G Altman, 1948–2018）

アルトマンは，本書執筆中の本当に最近まで，医学統計学分野でエキスパートとして活躍された，オックスフォード大学の教授であり，英国の医学統計グループの創立者で代表の一人であり，British Medical Journal，BMJの統計セクションのチーフアドバイザーとして非常に有名な統計家の一人です．

彼と長い間一緒に仕事をしていたMartin Blandとともに，多くの統計学的方法論に関する論文を執筆してきただけではなく，医学分野の研究者向けに，統計学の考え方や適用のしかたなどの教育的なエディトリアルや教科書を執筆してきました．特にBMJには多くのエディトリアルや論説を寄稿していますが，そのうち1995年にBland教授と書いた論文が“Absence of evidence is not evidence of absence”です．

この論文のなかで，検出力不足によって有効性が証明されなかった可能性の高い研究が非常に多いことの例として，オクトレオチド内服と硬化療法のどちらが消化管出血に有効かを検証した臨床試験が，有効性の証明に理論的には1,800例必要なのに100例ほどで実施されて“negative study”となったことや，暴力と暴力的なTV番組を視聴することの関連を調べた結果，“negative”な結果が出たことなどをあげ，本章の犬飼さんのように統計的検定のp値が有意水準を超えなかったことだけで，例えばAとBの関係性について「関係がない」と結論づけることの無意味さと危険性について論じています．アメリカ統計学会からp値についての声明が発行されたのは2016年のことで，アルトマンらがBMJなどに盛んにエディトリアルを書いていた1990年代から20年以上月日が経とうというのに，最近でもいまだに検定結果の解釈に関して学会が表明やガイドラインを発令しなければならないことの，根本的な原因解明と問題解決を真剣に行っていく必要があるのかもしれません．

相談5

実験データに実はたくさん欠測がありました．どの程度の欠測値の割合だったら研究として報告可能なのでしょうか．

Quote of the Day

"Failing the possibility of your measuring that which you desire, the lust for measurement may, for example, merely result in your measuring something else — and forgetting the difference — or in your ignoring some things merely because they cannot be measured."

by George Udny Yule in "Critical notice of The essentials of mental measurement", 1921

コンサルテーション開始

（牛山）失礼します．本日２時にお約束していた牛山です．

（毛呂山）どうぞ，牛山先生．お待ちしておりました．

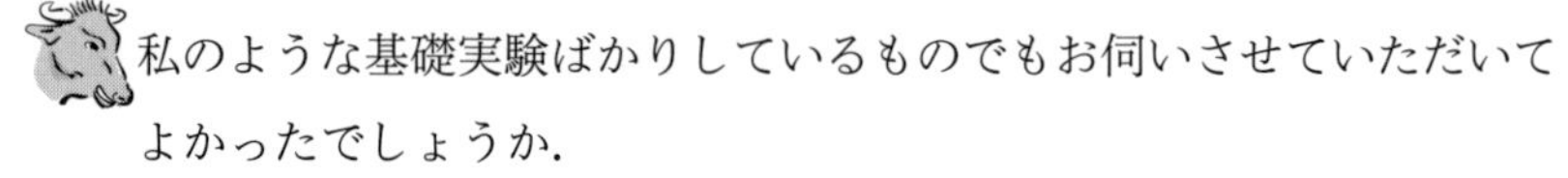
私のような基礎実験ばかりしているものでもお伺いさせていただいてよかったでしょうか．

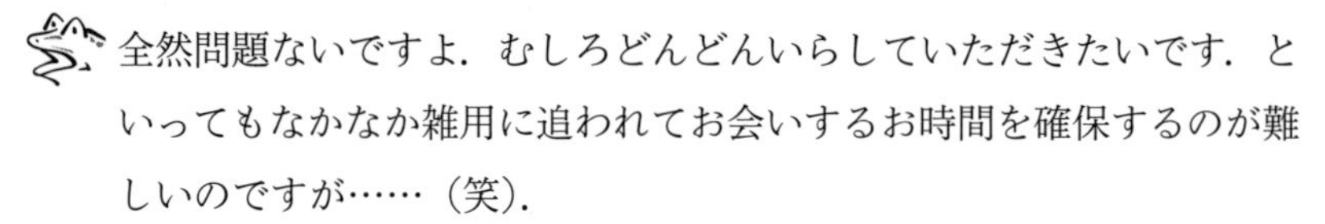
全然問題ないですよ．むしろどんどんいらしていただきたいです．といってもなかなか雑用に追われてお会いするお時間を確保するのが難しいのですが……（笑）．

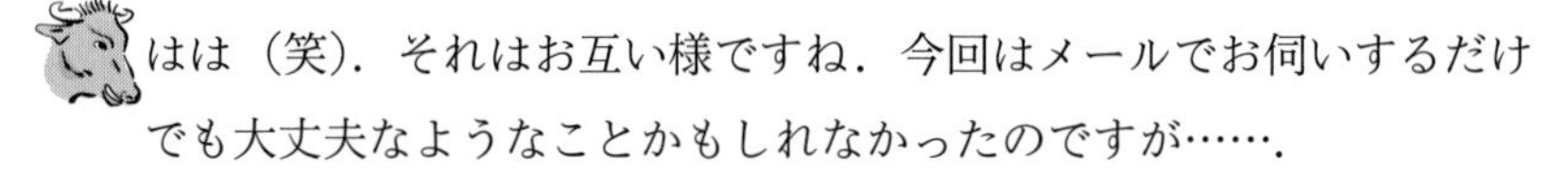
はは（笑）．それはお互い様ですね．今回はメールでお伺いするだけでも大丈夫なようなことかもしれなかったのですが……．

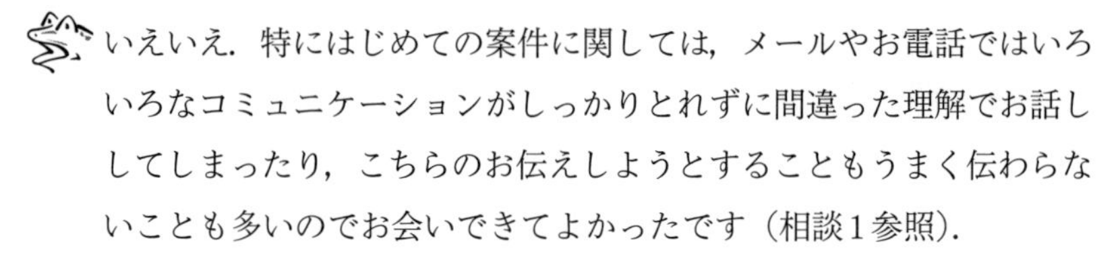
いえいえ．特にはじめての案件に関しては，メールやお電話ではいろいろなコミュニケーションがしっかりとれずに間違った理解でお話ししてしまったり，こちらのお伝えしようとすることもうまく伝わらないことも多いのでお会いできてよかったです（相談１参照）．

欠測データは無視してもよい？

それで，私の抱えている問題なのですが，実はずっと取り組んでいた実験の結果がほぼあがってきたところなのです．でも，どうも検体の質が悪かったのか，測定系が難しかったのかで，きちんとすべての項目を測定できていそうなデータが半分くらいしかないのです．しかし，結構時間をかけて取り組んできた課題なので，できれば得られたデータだけでも論文にしたいと思っているのですが……．その場合，得られなかったデータに関しても報告した方がよいのか，それとも得られたデータだけ報告してしまっても何も問題ないものなのでしょうか？

私が知っている限り，ほとんどの研究者は得られたデータだけが信頼できるものだから，得られたデータだけを報告すればよいとおっしゃるのですが，どうも私にはその考えが正しいとは思えなくて．

素晴らしい．牛山先生の意見に賛成です．測定できなかったことにも意味はあると思います．

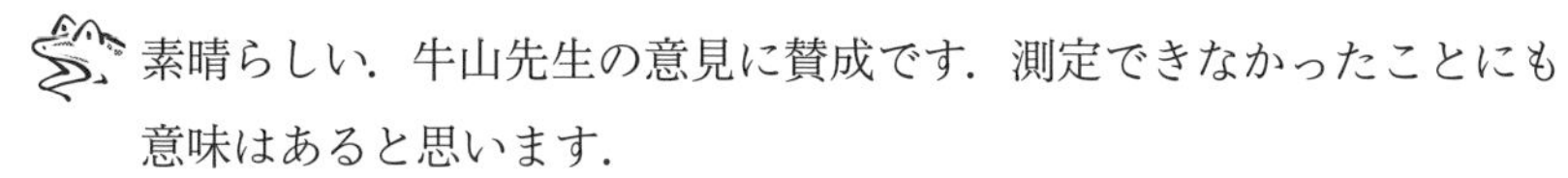

よかった！ でも，それを報告するとなるとすごく難しいですよね．

その通りなのです．一般的に人は“見栄え”を重視するもので，それは科学の世界も同じですからね（笑）．

完全なデータ，完璧な測定が素晴らしいと思われがちということですよね．あの，ニュートンやメンデルも自分の仮説に合わせたデータを作り上げた可能性があるとか（参考文献参照）．

そうなのですよ．科学者も人間なので，自らの仮説を検証するために科学的な方法で検証を行っているつもりでも，どうしても無意識に都合の良い測定をしてしまうのは，どうしようもないことです．もちろんそれは意識的に行ってしまえば，ねつ造などにあたります．

そこで，世の中的には，特に大規模な公的予算で行われて研究成果が人間社会にじかにインパクトを与える生身の人間を用いた実験，つまり臨床試験などを行う場合には，検証したい仮説を立案した人間の意志に結果が左右されにくいように，その人やその人が所属する機関の人間以外が測定やデータの解析を行うように動いてきたわけなのですよ．

そうつながるのですね．興味深いです．それで，臨床試験なんかでは，この欠測の問題は扱い方が決まっていたりするわけですよね．

はい．国際ガイドラインでの規定もありますし，臨床試験ではなくてもヒトやヒト検体を扱った研究の場合においては，研究デザインごとのガイダンスに記載があったり，各ジャーナルの投稿規定に欠測の扱い方を規定している場合もあります．

「

臨床試験やヒトを対象とした研究では，
欠測データの取り扱い方が
あらかじめ決められていることが多い

」

欠測の原因を探る

今回の牛山先生のご研究はヒトの検体を扱っていますか？

いえ，感染した動物から採取した検体のDNAの分析なので，ヒト検体は扱っていません．

では，ある程度一般的な扱い方を考えましょう．

はい．

今，先生が報告を悩んでいる測定できなかった値，つまり，実験値は結果変数でしょうか，それとも説明変数，すなわち要因でしょうか．

結果です．このDNAの配列が要因によって変化するかを実験しました．

配列はシーケンサーを用いて測定されているんですね．

はい．それで，実験自体は割と自動的に行われるので測定系による部分的な欠測は考えにくいと思っているのですが……．かといって，検体の処理もほとんど私が一人で行っているので保存状態や前処理も同じようにしたつもりで，何が原因かわからなくて……．それで，一概にすべて除いてしまって発表して問題ないか悩んでいたわけです．

確かに原因がよくわからないとなると，難しいですね．あまりありえないけれど，今候補となっている遺伝子座が要因によってはごっそり欠失することはありえますか？

それは，相当ありえないです．ごく稀に本当に10^{-10}くらいの確率で染色体の構造変異を起こすことはありますが……．こうも構造変化が起こることはちょっとありえないです．

それはよかった（笑）．そうなると，やはり測定系を見直した方がよいかもしれないですね．実験を行った日はすべて同じですか？

そういえば……．いや，シーケンサーにかけた日は同じなんですけど，

分注した日が違うかもしれないです．そして，一部を学生さんにやってもらったんだった……．そこで何かが起こったのかもしれないですね．ありがとうございます．私の頭には測定系でのミスはありえない，が固定化してしまっていました．

思い出せてよかったです．このように，欠測はとにかく原因を探ることが大切です．

「**欠測が起きたときは思い込みを排除して原因を探る**」

もちろん，その前に，欠測がなるべく起こらないような実験の徹底した綿密な計画が大切です．先生方はお忙しいので，そんな計画立てられない，とおっしゃる場合が多いですけど，できる限りの想像力を働かせて，実験を行う前に欠測の起きうる状況を洗い出し，対策を練ります．それでも起こってしまうものなので，実験の作業記録もとても大切なのです．

「**欠測を防ぐには綿密な計画と作業記録が大切**」

欠測を気にすべき場合，しなくてよい場合

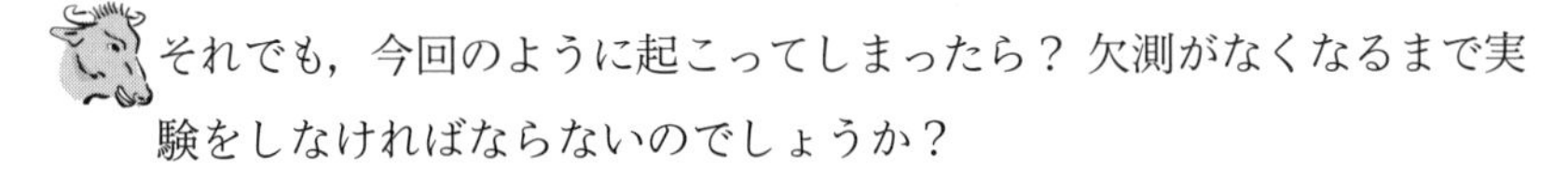

それでも，今回のように起こってしまったら？ 欠測がなくなるまで実験をしなければならないのでしょうか？

いえ．実は先生が検証したい要因と結果の関係に直接関連しない欠測でなければ，さほど気にすることはありません．ただ，最初に要因と結果の因果関係を統計学的に検証するのに十分なサンプルサイズを計算するときに，欠測が起こる可能性も考慮していなかった場合には，因果関係を検証するのに十分な数が足りなくなる可能性があるだけです．

それも，われわれにとっては致命的な問題ですよね．つまりは，欠測がどの程度起こるかも実験前によく考えてサンプルを用意しなければならない，ということですね．

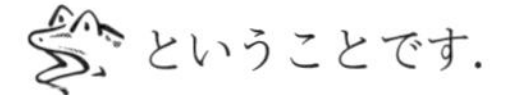

ということです．

「欠測が起きたときは，サンプル不足に注意」

予測不能な結果変数の欠測が起こった場合に，ただのサンプル不足より厄介なのが，要因と結果の値が，欠測すること自体と関連している場合です．例えば，先生の場合ですと，学生さんに頼んだサンプルがすべて要因Aだったとき．

確かに．それはまずい……でしょうね．後で確認しますが，私が調べた限りでは，要因によって欠測の割合に差はなさそうでした．例えば，もし学生さんが各要因から適当に選んで分注していたら？

そう．逆に欠測はそこまで気にしなくていいです．今みたいに要因と結果の関係がとても強いものであれば，予定されていたサンプルがたとえ半分になったとしても，要因と結果の関連を今あるデータで検討

する価値は十分あるし，そのときは最初から分注できたサンプル数で報告すればよいように思います．本当に無意識にランダムに起こったヒューマンエラーによって欠測が起こってしまったら，という場合ですが（図1）．

図1　欠測のパターンによって対応は異なる

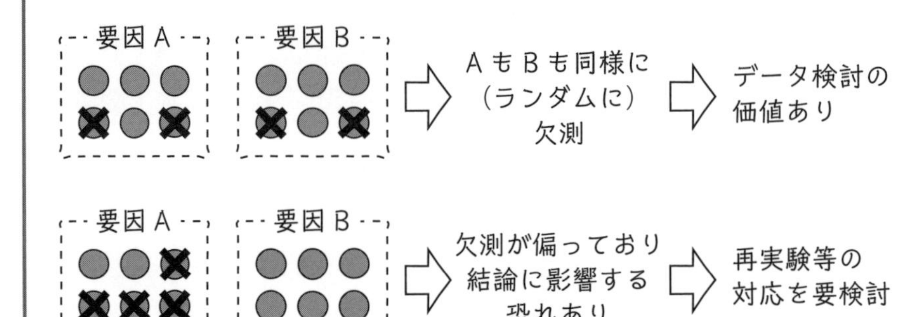

そうなんですね．よかったです．

ただし，実はヒトを対象とした研究では，最初に何人研究対象として登録したということが重要なので，結果に欠測が測定項目ごとに何人あったかということも報告する必要があるのですがね．

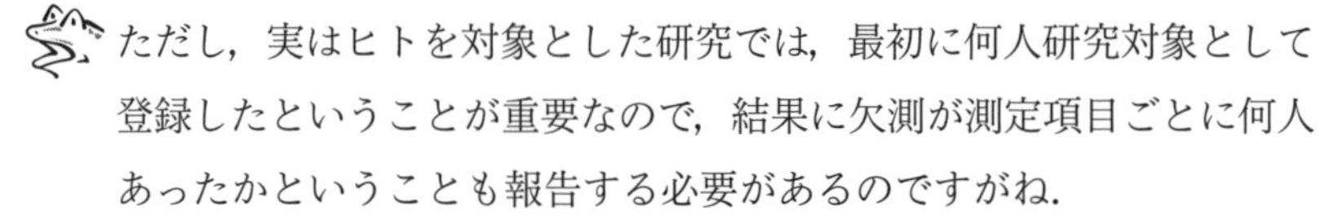

そうなんですね．ヒトを対象とすると本当にいろいろ大変ですねぇ．だから私は細胞が好きなんですが……．フフ……．

それで，あの，関連してもう1点伺ってもよろしいでしょうか．

はい．どうぞ．

実は，その結果と要因に関連する別の結果というか，要因というか，変数として，関連する領域のDNAのメチル化も測定しているのですが，これがまた領域によって測定できているときとできていないときがあるみたいなのです．それで，今回の報告では，DNAの配列変化をメインに報告したいので，配列変化が測定されたサンプルはすべて報告できると思うのですが，そのうちいくつかのサンプルではメチル化が測定できていないんですね．その場合は，やはり，メチル化の測定もすべての領域でできているものに限って発表した方がよいのでしょうか？

そうすると，かなりサンプルが減ってしまうのではないですか？ しかも，メチル化の場合は，検体の問題もあると思いますが，プローブの問題も大きいですよね．

そうなんですよ……．ですから，できれば配列の方はしかたないとしてもメチル化の結果は欠測込みで報告したいのです．

それでいいと思いますよ．ただ，メチル化がすべての領域で測定できていない場合は，検体自体の問題か，測定系のどこかでのエラーが考えられますから，その場合は，再度なぜ欠測が起こったかについてよく検討されてからデータの分析を行わなければなりません．

わかりました．

「

複数の評価項目に欠測が起きている場合は，それぞれの評価項目ごとに欠測の原因を検討する

」

データ解析時の欠測データの扱い方

分析の際は欠測データの処理を何もせずに，そのまま分析から外してしまって問題ないでしょうか．

実は，その分析の際の欠測の扱い方も，実験をはじめる前に決めておくことが重要です．実験結果をみてから欠測の扱い方を決めると，人間どうしても欲が出て，あれもこれもやってみて自分たちにとって一番いい結果を報告したくなりますからね…….

おっしゃる通りで．お恥ずかしながら，私も欲にかられそうになることがあります…….

欲深くないとね．一流にはなれないしね．難しいですよね……．それに，欲深い一流の研究者がいなくなってしまっては，われわれ商売あがったりになるわけなので，欲深万歳ですよ．

じゃあ，欲深いままでいます（笑）.

そうこなくちゃ．それで，その禁欲のためにですね，たいてい統計家は，その研究の状況や段階に応じて，欠測の扱い方を決めます．

研究の段階？

そうです．最初にお伝えした臨床試験など，特に大規模でお金もかかっていて，これで最後，世のなかの人に広く使ってもらえるように販売や保険の適用が許可されるぞ！というような研究の段階においては，万が一欠測があった場合，抜け落ちた値がすべて試験結果を悪くさせる値だったと想定して，つまり，結果がなるべく保守的な方向になる方法で欠測を扱うように決めておいたりします．

逆に，例えばチャレンジングな研究で，かつパイロット研究がはじまったばかりであり，これから先いくつもの検証過程を経てから世のなかに広く結果を使ってもらいたいというような状況では，最初から扱い方を厳しくしてしまうと研究が先に進めなくなってしまう可能性が高くなります．そういうときは，少しばかりであれば結果を過大評価してしまう可能性がある方法の適用を計画したりします．

「研究段階に応じて欠測データの処理方法を決定する」

では，今回は？

動物を使った基礎実験ということで，そこまで保守的にしなくてもよいということであれば，全体のデータに対して欠測の起こった割合と，欠測が生じた状況に応じて方法を選ぶのが一般的です．例えば今，ある数検体だけメチル化の測定がすべてできていなくて，それはたまたま分注量が少なかったために測定できていなかったとしますよね．

はい．

その場合，特に全体のサンプル数が，例えば，数百以上あって，数例の欠測は全体の解析結果に影響しないと判断されるのであれば，そのまま何もせずに，報告に用いることも考えます．ただ，そのとき，欠測が結果に影響しないとした仮定が正しいかは，特に欠測の数が多かったら気になりますよね？

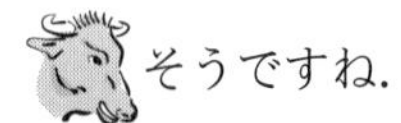

そうですね．

そこで，そういうときに欠測値の「補完」をしてみることを考えます．日本語では，「代入」といったりもします．その「補完」の方法には，例えば，ある1つの値を入れるような補完から，サンプルごとに違った値を入れる補完までいろいろ考えられてしまうので，やはりなるべく解析を行う前に，できれば実験計画の段階で，補完の方法を決めておいた方がよいのです．

「欠測が多いときは欠測値の補完を試みる」

実験前に決めておくのは，とても難しそうですが…….

まあ，そうですね．そこで，ある程度いろいろな状況に対応できる方法が提案されています．例えば，その検体のメチル化の分布は今観察されている要因とも結果とも関係ない，と仮定できれば，得られたデータの平均的な分布からランダムに得られたサンプルと置き換えても結果にはあまり影響しなさそうですよね？

確かに．しかし，その仮定は結構乱暴な気がします．せめて，今の仮説から要因と結果には関係していそうです．

そうであれば，今検証したのは，要因と結果が関係しているか，ということなので，とりあえず，要因ごとにメチル化の分布は違うということを仮定し直すと，その欠測サンプルが割り付けられた要因からのランダムサンプルとして値を置き換えることができますね．

はい．

このように，測定できなかった値あるいはサンプルの母集団がどういった分布から来ているのかをある程度仮定できれば，そこからのランダムサンプルとして置き換えて，欠測を補完して要因と結果の関係を推測するときにデータを用いることができます（図2）．特に，このサンプリングをたくさんランダムに何回も行う方法を「多重補完法」といいます．

なるほど．そうして，補完した後のデータを分散分析すれば，この欠測のあるサンプルが解析から外れなくてすむんですね．

そうなんです．ただ，先に申し上げた「欠測がどうやって起こったか」これを「欠測過程」といったりしますが，これをよく検討して，欠測が①要因とも結果とも関係なく偶然に起こった．そして，②ほかの要因など観察された事象で条件付けられれば偶然起こったことになる，場合のみ使ってくださいね．

欠測値を置き換える際の考え方の例

①要因・結果とメチル化（CH_3）に関連がない場合

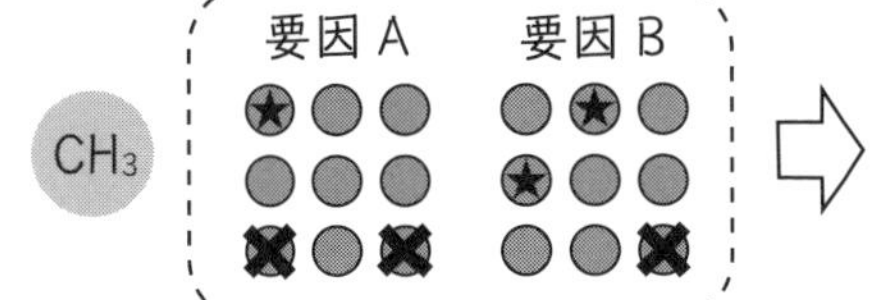

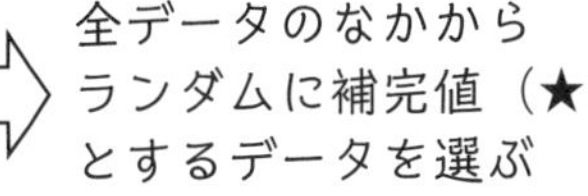

②要因・結果とメチル化に関連がある場合

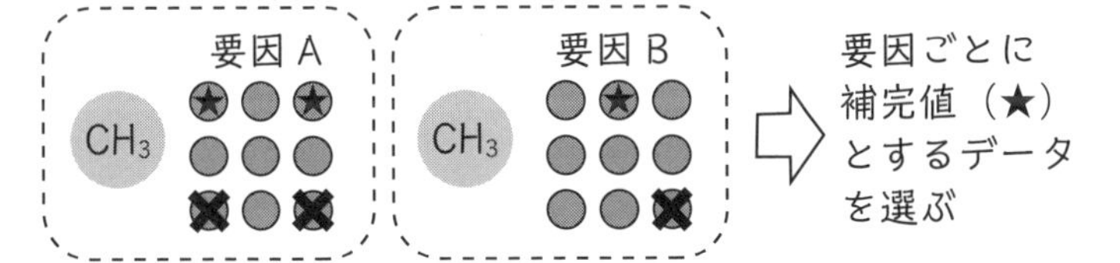

その過程を検討するために欠測が起こった原因の追究は大事だということですね．よくわかりました．

よかったです．

「欠測データの補完には，条件が揃えば多重補完法は有効」

コンサルテーションから共同研究へ

その「多重補完法」とは，どうやったらよいのでしょうか？

先生はRをお使いですか？

はい.

それでは，MICEというパッケージが便利だと思います．ただ，ご存知のようにRは無料ですがバージョンによっては使えなくなるパッケージがあったりするので，私は基本的に商用ソフトウエアをおすすめしています．SASだとSTATというプロダクトのMIというプロシジャで実行できます．STATAもMIだったかな．SPSSでもできるみたいですよ．ただ，メチル化の分布って正規性が仮定できないから難しいかな…….

あの……，難しそうなので，先生にその部分だけお願いすることは可能でしょうか？

ふむ……，そうですね……．今回の補完は，すでにある方法を適用するというだけではすみそうにないのと，私もとても興味が出てきたので，本来は計画時点から考えるべき問題だということをご理解いただいたうえで，今時点から共同研究者として研究に加わらせていただけるのであれば，データを拝見させていただきたいと思いますが，いかがでしょうか？

共同研究は問題ないです．私がほとんど一人でやっていたので，逆に相談できる共同研究者として加わっていただけるのはありがたいです．ではいったんもち帰ってまた後日今後の進め方と研究費のご相談に伺ってもよろしいでしょうか？

ありがとうございます！ ぜひ！ 先生の研究にご協力できるのはとても光栄です．よろしくお願いいたします．

＜コンサル終了＞

今日のまとめ

- 欠測の起こりうる状況を**計画時点**に考えておきましょう．そして，徹底的に欠測を予防しましょう．
- **もし，予防しても起こってしまったら，その原因をよく考えましょう．** ある程度原因がわかったら，その原因が①要因とも結果とも関係なく偶然に起こった．②ほかの要因など観察された事象で条件付けられれば偶然起こったことになる．③どうやっても偶然に起こったと仮定できない．しかも，原因をデータとして得ることもできない．の，どのパターンに相当するのか分析しましょう．
- 欠測の扱い方も**計画時点**に考えておきましょう．データを解析しながらの手法の選択は判断にバイアスを生じる原因となりうるのでやめましょう．
- 研究結果の判断に大きく影響してしまうデータの解析は研究チームの一員が行うべきです．安易に研究チーム以外の人が行ったデータの解析結果を研究報告書や論文に掲載することは避けるべきです．

参考文献

- 「背信の科学者たち―論文捏造，データ改ざんはなぜ繰り返されるのか」（ウイリアム・ブロード，ニコラス・ウェイド/著，牧野賢治/翻訳），講談社，2006
- Roderick JA Little & Donald B Rubin:「Statistical analysis with missing data」，Wiley，2002

今日の牛山さんのノート

- 欠測データにも意味がある
- 臨床試験やヒトを対象とした研究では，欠測データの取り扱い方があらかじめ決められていることが多い
- 欠測が起きたときは思い込みを排除して原因を探る
- 欠測を防ぐには綿密な計画と作業記録が大切
- 欠測が起きたときは，サンプル不足に注意
- 複数の評価項目に欠測が起きている場合は，それぞれの評価項目ごとに欠測の原因を検討する
- 研究段階に応じて欠測データの処理方法を決定する
- 欠測が多いときは欠測値の補完を試みる
- 欠測データの補完には，条件が揃えば多重補完法は有効

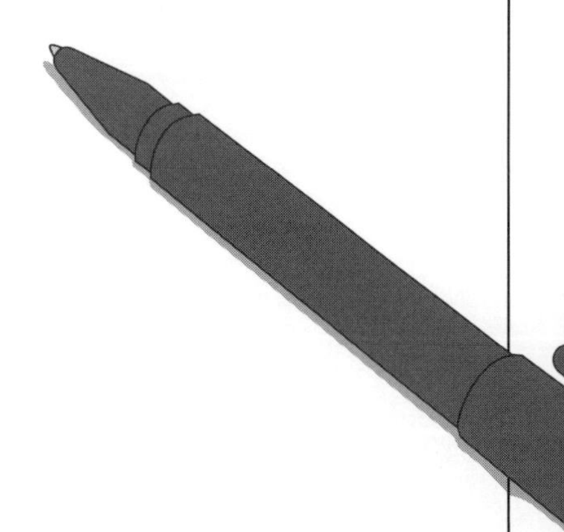

About Quote of the Day

ジョージ・ユール（George Udny Yule, 1871–1951）

ユールは，工学の学位をもちながら，カール・ピアソンの助手を務め，いったんは大学を離れ職業訓練所で働きましたが最後はケンブリッジ大学に戻り多くの論文を残しました．

ユールが生物種の分類に関する研究の成果により王立協会のフェローに選ばれた1922年の前年に，British Journal of PsychologyにCritical Noticeとして心理学者のBrownとThomsonによって書かれた“The essentials of mental measurement”という書籍の書評を書いています．ユールは書評のなかで，書籍のタイトルが“The essentials of mental measurement”であるにもかかわらず，測定されたデータの扱い，特に相関係数の，例えば誤差に相関があるかないかで異なる数理統計学的な推定方法を考えなければならない主張などが，心理学的測定の測定方法に言及する教科書というより，“polemical pamphlet（論争の小冊子）”的に書かれてしまっていることを最も批判しています．ユールは，著者らの数理統計学的な論理には同意したうえで，そんなことより，そもそも測定が難しい心理学の分野で他人（スピアマン教授）を批判してまで教科書としてまとめる内容なのだろうか，と穏やかに，しかしながら，痛烈に批判しています．

その背景としては，当時スピアマン教授がほかの統計家や心理学者にも「学術論文の文面のなかで」批判されまくっていたことや，またスピアマン自身も論文中でそのことについて非常にアイロニックな言い回しでしばしば反論していたことなどもあったのでしょう．ユールからすれば，そんな小さなことにこだわるより，もっといかに測定を行えば心理学の発展に繋がるか真剣に考えてもらいたいという，苛立ちに近い思いが伝わってきます．

さて，本章冒頭にあげた引用句は，上記書評のなかで述べられていたものであり，今回の牛山先生のように望んでいなかった測定結果が出た際に科学者が陥りがちな心理を上手く表現していると感じます．

どうやって測るか，何を測っているのか．これは，科学的方法の軸をなすことであり，この書評が書かれてから100年近く経った今でも大きな課題であることは変わりありません．そして，現在においても，人間は愚かなのか，目先の小手先の技術にどうしても魅了される傾向は同じであるように感じます．ユールが書評で論じた憂鬱も，100年経った今も，あまり変わっていない状況なのかもしれません….

相談6

データをExcelでまとめていたら，間違えて勝手に値を上書きしてしまったようで計算結果も変わってしまいました．値が簡単に書き換わらない方法はないでしょうか．

Quote of the Day

"Manage the cause, not the result."

by William Edwards Deming in "Out of the Crisis", 1982

コンサルテーション開始

（犬飼）こんにちは．犬飼です．

（毛呂山）ああ，犬飼さん．今日はまたどうしました？

実は困ったことがあって…….誰に聞いたらよいかもわからないので先生のところに来てみました．

どんな難問でしょうか．

いや，直接は統計学の問題ではないのですが，難問といえば難問かもしれない問題で困っておりまして．

ふむ．まあ，どうぞ．私で力になれるかわかりませんが，お伺いしてみましょう．

Excelによる実験データ管理の注意点

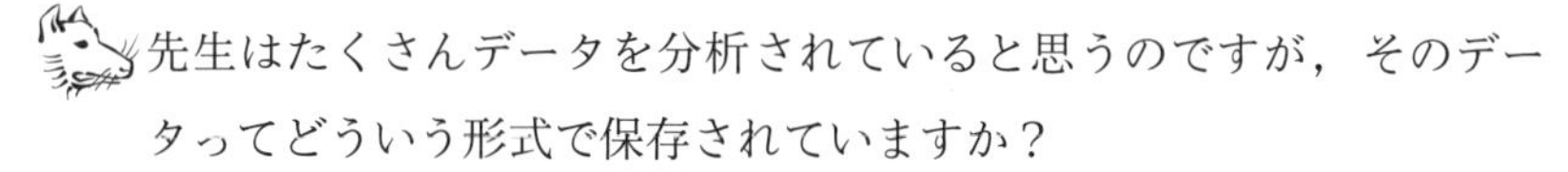

先生はたくさんデータを分析されていると思うのですが，そのデータってどういう形式で保存されていますか？

テキスト形式とか，CSV形式のことが多いでしょうか．

そうなんですね．実は僕の所属する研究室ではみんなExcelを使っているので，僕もそうしているのですが，僕がExcelの操作に不慣れなせいか，よく間違ってデータを書き換えてしまったり，ひどいと消してしまったり……するので，何かほかにデータを記録するのに良いソフトウエアとかツールをご存知でしたら教えていただきたくて……．テキストデータは，保存には良さそうですけど，入力には不便ですよね．

ははは，なるほど．難問です．でもなかなか良い点に気づかれました．そうなのです．Excelは一見便利なようで，不便なのです．たいていの生命医科学系のデータは，データ量が少ないのでExcelで管理されがちなのですが，得られる状況自体貴重で，下手するとそれで人の一生が左右されてしまうようなデータを扱う状況では，データの入力や変換に柔軟すぎるExcelは管理ツールとして不向きです．ちょっと作ってみたダミーデータとか，社会的影響の少ない子どもの自由研究データなどの管理と分析には便利ですけどね．

「Excelは貴重なデータの
管理ツールとしては不向き」

かといってなかなか代わりはなさそうですが，何か良い方法があるのでしょうか？

実は，今のExcelにはシート単位で入力値を変えられなくするロック機能がついています．そこで，入力後のデータをシート単位でロックしておけば簡単に書き代わってしまうことや削除はされなくなります．ロック後も特定のセルだけロックを解除して入力値を変更することなどもできるようですよ．

「Excelでのデータ管理は，
シート単位のロック機能を活用する」

そうなんですね！ でも先生がテキスト形式で保存しておくのには理由があるのでしょうか？

はい．実は，Excelはこのロック機能などが，バージョンによって結構変更になったりするんですよね．それで，古いExcelのファイルで作成したデータを新しいもので開いたりすると，文字化けとか元のデータから値が変換されてしまったりすることもあったり，そもそもVBA（Visual Basic for Applications）を使って値を動かせるようになっているということは，逆にいうと簡単に値が動かせてしまう，ということで，皆さんがデータを渡されるときにどんな関数を組み込んでくるかもわからないし，組み込んだことすらお伝えいただけないことも多いので，極力シンプルな形式のデータをいただいて，私のところで間違ってデータを書き換えてしまわないようにしているのです．

なるほど．そうだったのですね．

「テキスト形式で保存したデータは，
PC環境による改変のリスクが低い」

データ管理ソフトのすすめ

では，例えば先生が自分でデータを取得して入力する立場だったら，やはりExcelを使いますか？

目で見てすぐにデータが確認できる程度の数のデータであれば使っちゃうかもしれないです．便利だし．OSがWindowsだとたいていどのパソコンにもインストールされているし．しかし，やはり研究のデータであれば，データベースを使いたいですね．

実は，臨床試験では，このデータ管理の方法もかなり厳しいガイダンスがあります．例えば，データ入力ミスなどで値を書き換えた場合においても，それを誰がいつどこでどのように行ったか履歴として記録しておく必要があります．そういう履歴を記録しておく機能が特にマクロなどを組み込んでいないExcelだと足りないので，研究ごとにデータベースと入力システムを構築したり，商用のEDC，つまりElectronic Data Captureシステムを利用したりします．最近では，基礎実験データであっても，このデータの入力と管理の方法，つまり，データマネジメントの方法について，実験計画の段階で提出する義務を課す研究機関やファンディングホストが増えてますね．そこで，欧米では大学や研究機関レベルでもデータ管理計画書の書き方講座が開催され，研究ごとに提出することが研究者に求められていたりします．

「

基礎研究でも臨床試験と同等の
データマネジメントが求められる時代
になってきた

」

ファンディングホストとはなんですか？

日本だと，日本学術振興会をはじめとする学術振興財団とか，AMED

（日本医療研究開発機構）などの研究費を配分している機関のことね.

そうなんですね．基礎研究用のその，イーディー？

EDCね.

そのEDCはないのでしょうか？

基礎研究の比較的大きめのラボですと，LIMS（Laboratory Information Management System）や，SDMS（Scientific Data Management System）を構築しているところが多いですね.

高いんですよね？

そうなんですよ．だから皆さん，特に日本の小規模ラボだとなかなか導入できないし，導入できても実験系が変わればシステムも変更しなければならないので，維持が大変だし……，ということで，入門編として簡単に入力フォームを作成したい場合は，Microsoft Office系列のAccessや，FileMakerなど操作性の良いrelational databaseの利用もおすすめです．本やブログで比較もされていますから少し調べてみるとよいですよ.

ちなみに，遺伝子解析などで得られるいわゆるビッグデータの管理には，やはりもう少し専門的な商用のLIMSが必要となることが多いですね．最近ではオープンソースのソフトウエアを開発している研究チームもあります．例えば，マサチューセッツ工科大学やブラウン大学などが中心となって開発しているSciDBもその1つですね.

「**ビッグデータの管理には，**
専門的なシステムの構築が必要」

Garbage in Garbage out

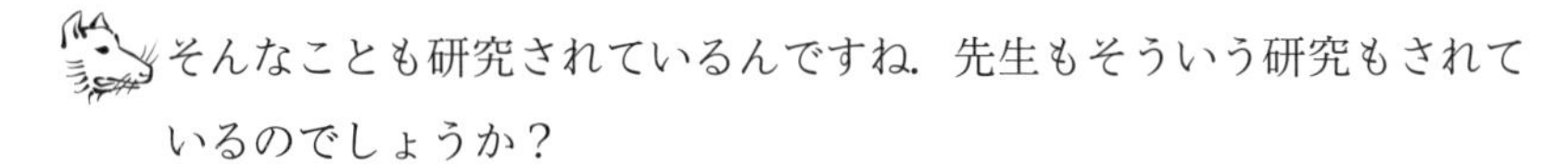

そんなことも研究されているんですね．先生もそういう研究もされているのでしょうか？

私の一応の専門は統計学なので，研究自体はしていませんが，基本的な知識としては定期的に最新の情報を更新するようにしています．解析対象となるデータが間違っていたらせっかく考えた手法をいくら適用しても間違った結論しか導けませんし，手法が悪いのかデータが悪いのかの判断もつきません．どのように管理されて最終的に得られたデータなのかを知っておくことはデータを分析するだけの立場であってもとても大切です．Garbage in Garbage outという言葉がありましてね．

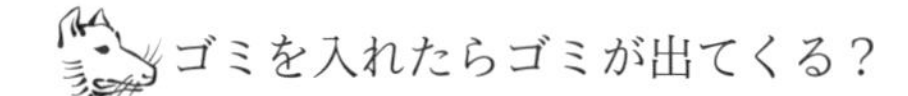

ゴミを入れたらゴミが出てくる？

そうです．ゴミを入れてもゴミしか出てこない．つまり，私がいつも計画が大事，というのも，そういうことなのです．よく練られていない研究から得られた雑なデータを分析しても粗い結果しか出てきません．

「**雑なデータからは粗い結果しか出てこない**」

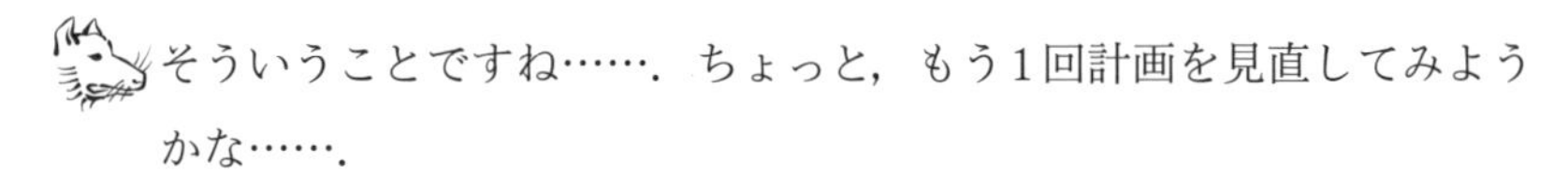

そういうことですね……．ちょっと，もう1回計画を見直してみようかな……．

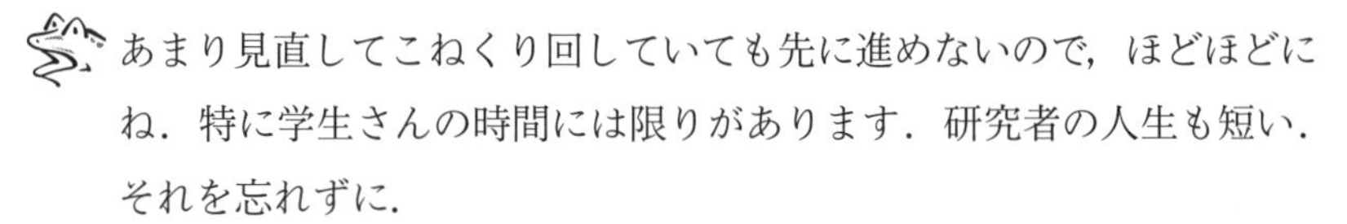

あまり見直してこねくり回していても先に進めないので，ほどほどにね．特に学生さんの時間には限りがあります．研究者の人生も短い．それを忘れずに．

ありがとうございます．そうだ，先日大鷹さんと論文で使われている統計の方法で議論になったことがあったので，今度は大鷹さんと一緒に伺ってもよいでしょうか？

どうぞ．でも喧嘩の仲裁人になるだけでおわるのはごめんなんだけど．

大丈夫です．割と平和に議論しているつもりです．

ではまた一緒に来られそうな日程が決まったらご連絡くださいね．

<コンサル終了>

About Quote of the Day

ウィリアム・エドワーズ・デミング
(William Edwards Deming, 1900–1993)

日本では特に戦後の工業製品製造過程への品質管理工程に大きな影響を与えたことで知られるイェール大学教授です．

その著書の１つ1982年に出版された“Out of the Crisis”のなかで，ビジネスの効率を上げる14のマネジメントの原則を論じていますが，その３番目に「完成後の製品の全品検査で品質を管理するのをやめて，製品製造過程の統計学的な品質管理を行うこと」をあげています．つまり，品質を劣化させるような原因をコントロールすることが品質管理として必要であるということです．

この考え方は，今では「当たり前」として受け入れられているようで，案外受け入れられていないものです．例えば，科学研究であれば，出版された論文の結果が後から意図しない，あるいは意図されたデータ改ざんなどによる間違いであることが指摘されたとき，現在でもわれわれはどうしてもその「不正のある結果が発表されることをどう規制するか」ということばかりに注目してしまってはいないでしょうか．それよりも，実は，管理的な立場であれば「どうしたら不正のある結果を発表されにくい環境を作らなければならないのか」ということを真剣に議論するべきなのではないでしょうか．

本章のようにデータ管理ソフトを見直すことは小さなことのように思われるかもしれませんが，特にビッグデータの時代においては大きな一歩となりえます．

デミングの品質管理やマネジメントの理論は，現代における量産化され，分野融合化が進んだ科学研究の管理へも十分に応用できるものであると感じます．

今日のまとめ

- 近年ではデータの大量化や複雑な実験，解析プロトコルの増加に伴い，基礎研究であってもデータマネジメント計画を研究計画の段階で明確にしておくことが強く求められつつあります．国際的にはすでに求められています．
- Excelなどの表計算ソフトウエアはいろいろなことができる代わりにデータもうっかり変わりやすいので医学研究のデータ管理にはrelational databaseソフトウエアなどの利用をおすすめします．大規模電子データが自動的に一度に取得されるような実験に関しては，ラボや研究プロジェクト単位で実験の前処理から実験プロトコルなどのドキュメントも管理できるようなシステムを構築する必要もあります．
- **Garbage in Garbage out.** いくら素敵な実験，素敵な解析手法を計画していても，取得されたデータの管理状況が悪ければ素敵な実験も素敵な解析も活かされません．データ管理の手法にも細心の注意を払いながら研究を進めましょう．

今日の話の参考文献

- 倉田敬子，他：日本の大学・研究機関における研究データの管理，保管，公開質問紙調査に基づく現状報告．情報管理，60：119-127，2017
- Cudre-Mauroux P, et al : A Demonstration of SciDB: A Science-Oriented DBMS. PVLDB, 2 : 1534-1537, 2009

今日の犬飼さんのノート

- Excelは貴重なデータの管理ツールとしては不向き
  - Excelはデータの入力や変換に柔軟すぎるため，特に貴重な研究データを扱う場合は要注意
  - Excelでのデータ管理は，シート単位のロック機能を活用する
  - Excelでバージョンが異なるファイルを開く場合，文字化けや，値の変換が起こる可能性がある
  - Excelファイルでのデータ共有は，誰がどんな関数を組み込んでいるかわかりにくいため要注意
- テキスト形式で保存したデータは，PC環境による改変のリスクが低い
- 基礎研究でも臨床試験と同等のデータマネジメントが求められる時代になってきた
- ビッグデータの管理には，専門的なシステムの構築が必要
  - 入門用ソフト：Access，FileMaker
  - 専門的システム：LIMS，SDMS，SciDB
- 雑なデータからは粗い結果しか出てこない

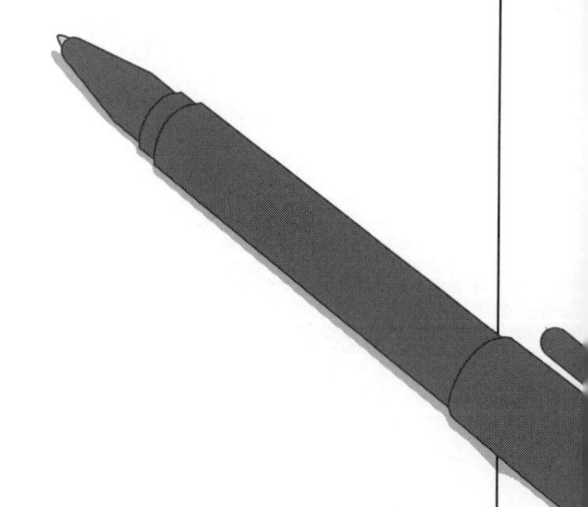

相談 7

平均値の群比較を図にするのに，ヒストグラムと折れ線グラフとどっちがよいでしょうか．グラフは何色で描いたらよいでしょうか．

狐島さん
大鷹さんと同期のポスドク．
統計学への関心は高いが，
美術は苦手．

Quote of the Day

"This is my favorite part about analytics: Taking boring flat data and bringing it to life through visualization."

by John Wilder Tukey

コンサルテーション開始

（狐島）失礼します．お電話した狐島です．

（毛呂山）はじめまして，狐島さん．大鷹さんのご友人でしたよね．どうぞこちらにおかけください．

大鷹とは同じ兎田研究室の同期なんです．

そうですか．では狐島さんも「とりあえず病」，ではなく「つぶやき病」への▽薬の有効性について研究をされているのでしょうか？

はい．特に私はターゲットとなる酵素活性に関連するバイオマーカーを探索しています．

そうですか．今日はどんなご相談でしょうか？

実はかなり良い実験結果を得たので学会で発表することになったのですが，結果の提示のしかたに迷ってしまいまして．

どんな実験か差し支えない範囲で教えていただけますか？

もちろんです．説明のために，ある程度作った学会用の資料をもってきたので見ていただいてもよいでしょうか？

ぜひ拝見しましょう．

ヒストグラムを正しく理解する

まず，今回はつぶやき病が発症すると活性化されるといわれている酵素Kに関連するバイオマーカーを探索するために，候補となるタンパク質や脂質の量をつぶやき病患者から採取した血液で測定しました．測定できたのは，うちの大学病院で検体が保存されていた89人でした．これが，患者さんの背景です．

検体が採取された時期はある程度一定でしょうか？

はい．念のため新しい検体に絞ったので数は少なめになりました．

その方がいいと思います．探索的研究でも古い検体を使うと測定の品質が保たれているか検討するのも大変になりますし，そもそも患者集団自体が治療法や重症度が違ったり異質になりがちですからね．

そうなんですよ．そのあたり，私も臨床の経験はないので，臨床の先生にいろいろ聞いて2年前から今年までのサンプルに絞った次第です．それで，どうもこの抗体が陽性か陰性かで，反応するバイオマーカーに違いがありそうなんですね．ちなみに，同じつぶやき病でも，このH抗体が陽性の人の方が多くつぶやくことが報告されています．それで，34サンプルのうち抗体陽性が20例，陰性が14例の2群に分けて，調べた9個のマーカーの平均をそれぞれヒストグラムにして並べてみたんです（図1）．

でも，このグラフからだと，各マーカーの各群での平均値はわかるのですが，どのくらい平均に差があるのかわかりにくいと思って，今度は平均の差をとってこんな折れ線グラフを作ってみたんです（図2）．どっちがよいのでしょうか？

ええと．ご質問にストレートにお答えすると，どっちもよくありません．

図1 狐島さんが作成したヒストグラム（?）

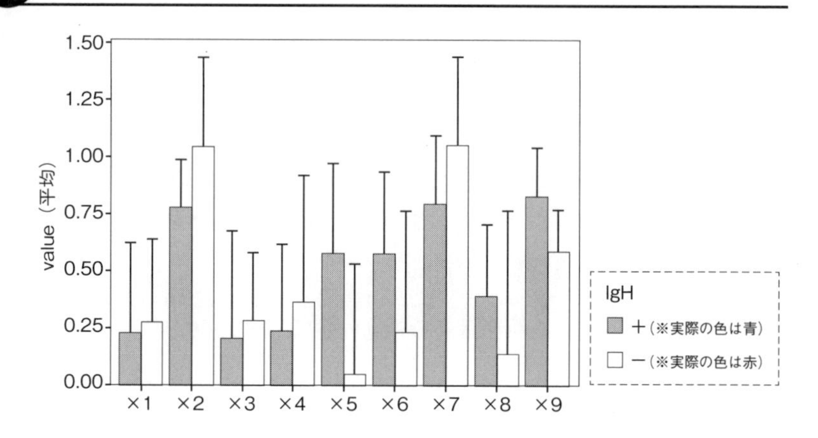

図2 狐島さんが作成した折れ線グラフ

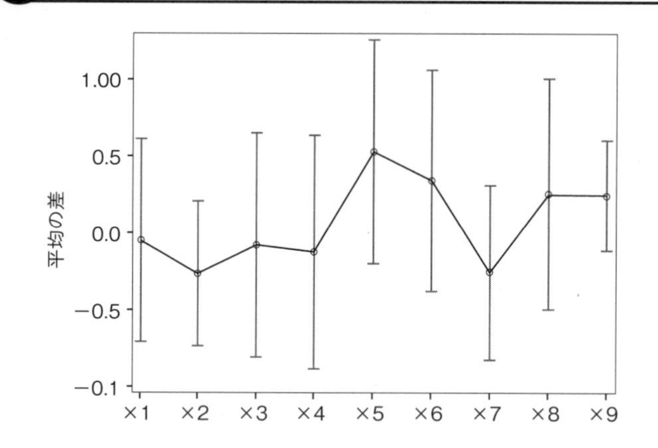

え…….

まずですね．最初にお見せいただいた「ヒストグラム」は「ヒストグラム」ではありません．一般名称は平均値の「棒グラフ」で，これに特に平均値のエラーバーを重ねたものが通称「ダイナマイトプロット」とよばれるもので，特に生物学系とか基礎医学系の研究者は平均値を

表現するのによく使うのですが，一般的にはあまり使われません．なぜなら，狐島さんもお気づきのように，特に群比較においては情報量が少なくなってしまうからです．

ダイナマイトプロット……というのですね．では，ヒストグラムは……？

ヒストグラムは棒グラフの特殊なもので，特に一方の軸に「ある変数の値」，もう片方の軸にその変数の「ある一定の値の範囲に収まる度数」を棒状にプロットして並べたもののことをいいます．

つまり，ある変数の頻度分布をあらわします．例えば，あるマーカーの値を横軸に，その値を適当に0.01とか0.05とかの幅でカテゴリーにして，それぞれの値の範囲に入る数を棒グラフにして並べるとこんな感じになると思います（図3）．

図3　一般的なヒストグラム

ある一定の値の範囲に収まる度数

ある変数の値を一定の範囲ごとにカテゴリー分け（0.01～0.02や0.01～0.05など）

各カテゴリーのなかに含まれるサンプルの数

ある変数の値

わかります．この度数分布図のことだけをヒストグラムというのですね……．てっきり棒グラフを並べたものをみんなヒストグラムというのだと思っていました……．

「**ヒストグラムとダイナマイトプロットを混同しない**」

ヒストグラムをマーカーごとに描いてみると，各マーカーの分布がよくわかりますよね．それで，よくいわれる正規性の確認などもできるし，外れ値もわかります．ただ，どのくらいの値幅で度数を書かせるかで分布の形状が結構変わるので，例えば当然最大値から最小値までの幅であればこんな感じのタダの四角になるし（図4A），幅を小さくしすぎるとこんなハリセンボンみたいなグラフになるし（図4B），もう少し図を作る人の手によらない分布がよくわかる方法としてよく用いられるのが箱ひげ図です．これも見たことあるでしょ？（図4C；相談3-図4も参照）

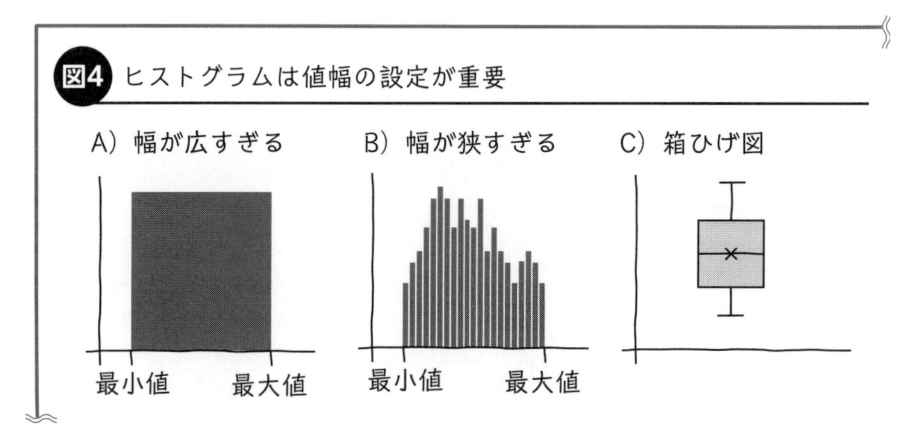

図4 ヒストグラムは値幅の設定が重要

ああ，はい．

その折れ線に意味はあるのか？

でも学会などでこういう図を出している人は少ない気がします．折れ線グラフはだめでしょうか……？

これね．これもね．なんでここ，つなげちゃったかなあ……．つなげなかったらよかったのに．この9つのマーカーの並び方って，特に意味はないですよね．もし，例えばこれが9つの遺伝子座で，左から右に行くほどテロメアに近いとかだったらつなげることにも多少意味が出てくるんだけど．

いえ，横軸のマーカーの並び順は特に決まってないです．なんか横に点を並べたらつなげるものかなと……．

そうだとするとこの線に意味はないですよね．

言われてみれば，特に意味もない気がします……．

じゃあ線をとっちゃって，これだったらいいんじゃないでしょうか（図5）．

図5 狐島さんが作成したグラフを修正～その1

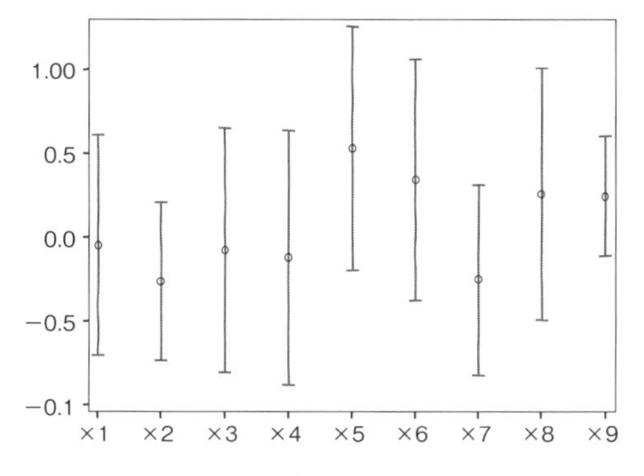

折れ線をとっただけだと少しさびしい……

……寂しくないですか？

そうですね．では，差がない状態が縦軸0なので，0にリファレンスラインをひいて，点推定値のドットをちょっと大きくして……例えばこんな感じはいかがでしょう？（図6）

図6 狐島さんが作成したグラフを修正〜その2

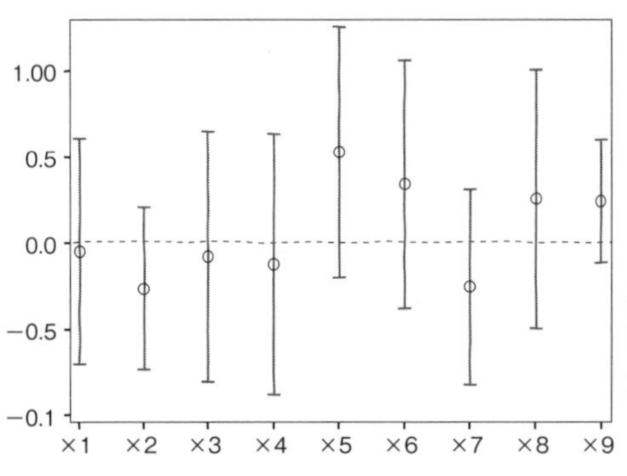

0にリファレンスラインを引き，点推定値のドットを大きくしてみた

いい感じかもしれないです．

この方法はマーカーの差の絶対値に特に医学的あるいは生物学的意味がある場合にわかりやすいですよね．これは，フォレストプロットあるいはblobbogramといいます．

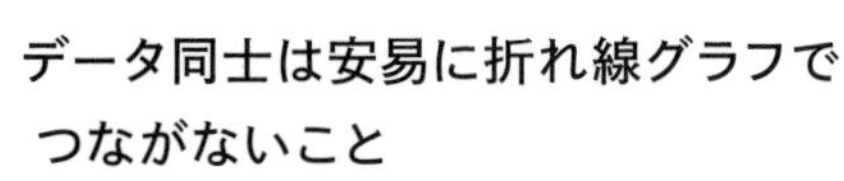

そうですね．参考までにさっきの箱ひげ図を並べる方法はどうでしょうか？

いいと思いますよ．ただ，結構場所をとるので，見たいマーカーの数が増えたときには煩雑になるかもしれないですね．学会などのプレゼンは，ぱっと見てわかる方がよいので，さっきの平均値の差のフォレ

ストプロットの方がよいかもしれないですね.

あと，最近流行っているおしゃれな感じで，箱ひげ図の代かわりに分布の形状がよりわかるようにしたバイオリンプロットがありますよ.

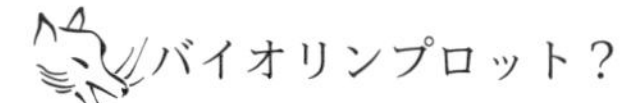

バイオリンプロット？

そうそう．こんな感じに（図7）．ある統計量，今なら平均値の差のヒストグラムを縦に，鏡開きにして並べたものです.

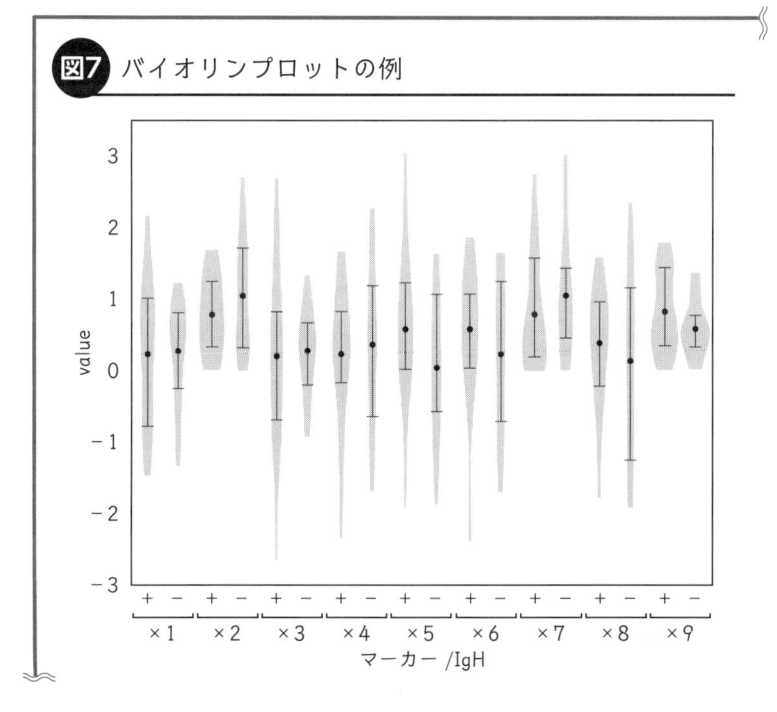

図7 バイオリンプロットの例

実はいろんなグラフがあるんですね.

そうなのです.

「平均値の群比較をグラフ化する方法は
いろいろある」

見やすいグラフにするための色使いとは？

では，このフォレストプロットを採用するとして，次にいつも悩むのが色の選び方なんです．投稿論文でも最近カラーを選べる雑誌が増えているのですが，自分で図を作るときにどんな色がいいとか，何かコンセンサス的なものはあるのでしょうか？ 特にRなんかを使って書くといろんな色が選べてしまって迷うんですよね．

実は私も何か良い教科書がないか探しているところです．

そうなんですか！？

統計学の分野においても，このようにデータの分析結果をグラフや図であらわすことはとても大切だと考えられており，data visualizationやvisual statistics，日本語だとデータの可視化などという分野があります．ただ，最近発展しつつある分野でまだまだ研究は少ないようです．

しかしながら，私は個人的な興味で美術や心理学を勉強していたこともあり，そのときに学んだ色彩心理学の一般理論がデータの可視化にも非常に応用できるのではないかと思います．

例えばどのように……？

例えば，赤はヒトを興奮させる色であり，白い紙の上で線を目立たせたいときには，とりあえず赤い線を使いますよね．だから，とても注目させたい点や線に使う場合は効果的ですが，逆に特に考えもせずに赤を図に使うのは要注意です．図を見た人が勝手にその点や線が研究の結果のなかでも重要な意味をもっていると思い込んでしまう恐れがあります．

なるほど．

先ほど最初に見せてくれた図で，抗体陽性の群の平均値を青い棒で，陰性を赤い棒であらわしていたのですが，一般的には陽性が赤で陰性が青っていう印象があるじゃないですか.

そうかもしれません.

それを逆にしちゃうと，注意深く図を見ないと，ぱっと見ただけで，例えば確か5番目のマーカーは青が高かったから，陰性だと反応するマーカーなのかなって勝手に記憶違いをしてしまいがちだと思うんですよ．あくまで平均的な誤解で，もちろん図をみて青が陽性だから陽性に反応するマーカーだって記憶してくれる研究者もいると思いますがね．特に学会発表だと凡例が小さくて見えにくかったりもするので，できるだけ一般常識というか，そういうなんとなくみんなが付けそうな色に揃えた方がいいと思いますよね．例えば，温度が高い群が赤で，低い群が青とかね.

そうですね.

「色がもつ一般的な印象を意識して
色付けすることが大切」

あと，色に関して付け加えるとすると，一般的にいろんな色を図に使うとごちゃごちゃして見づらいですよね．デザイン的には素晴らしくても，余計な装飾的な効果もない方がよいと思います.

一方で，科学論文や発表の目的は，いかに学術的にあるいは社会的に意義のある結果を研究者にわかりやすく伝えるかということにあるので，例えば役所や企業が一般向けに作る広報資料に乗せる図のような抽象化しすぎたなじみやすいものではなく，ある程度専門的に重要な情報をできる限り減らすことなく，しかしながら見やすい図に仕上げる必要があると，私は個人的に思っています.

心がけてみます.

「**科学的な図は，必要な情報を余すことなく，かつわかりやすく見やすくまとめることを心がける**」

古典的にはTukey先生のこの本やこれもいい本です（参考文献参照）．今のところ，まとまった研究成果を基にした最近の良い教科書はあまり見つけられないのですが，見つけたなかでは，特にバイオロジーの分野であれば非常にまとまっていて良い本を見つけたので，よければこれをお貸しいたしましょう．

いいのですか？

本というより，Nature Methodologyのコラムやショートコミュニケーションなどをまとめた論文集的なものなんですがね．バイオロジーの分野で得られるデータは画像からのデータなどもありますし，年々大規模になりますので，特にわかりやすくプレゼンすることが求められるようになっているようです．色彩心理のことも少し書いてあるので参考になるでしょう．

助かります．ありがとうございます．

では良い発表になりますように．

ありがとうございました．

＜コンサル終了＞

今日のまとめ

- グラフには，棒グラフ，折れ線グラフのほかに目的に応じてさまざまなタイプのものが発案されています．それぞれの分野で慣習的によく用いられるグラフでも，本当にそのグラフを使うことでプレゼンテーションが効果的になるかどうか考えてから作るようにしましょう．
- **記述統計量やデータ全体，データから推定された推定量などを視覚に訴えて効果的にプレゼンテーションする方法を考えている専門家がいます**．グラフや図の表現方法を考えるのも統計家の仕事です．迷ったら専門家のアドバイスを聞きましょう．専門家が近くにいないときは，教科書とともに最近比較的大規模な研究機関から出版された同じような分野の論文に掲載されている図の作り方などがとても参考になるでしょう．

今日の話の参考文献

- Tukey JW :「Explanatory data analysis」, Addison-Wesley, 1977
- Cleveland WS :「The Elements of Graphing Data 2nd ed.」, Hobart Press, 1994
- Nature Collections: Visual Strategies for Biological Data. Nature Methods, 2015

今日の狐島さんのノート

- ヒストグラムとダイナマイトプロットを混同しない
  - ダイナマイトプロットは基礎医学系分野において，平均値を表現する際によく使用されるが，群比較には向かないため，一般的にはあまり使用されていない
- データ同士は安易に折れ線グラフでつながないこと
  - 意味をもたない線は不要
- 平均値の群比較をグラフ化する方法はいろいろある
  - ヒストグラム，箱ひげ図，フォレストプロット（blobbogram），バイオリンプロットなどがある
- 色がもつ一般的な印象を意識して色付けすることが大切
  - 赤は重要，陽性，温度が高い，青は陰性，温度が低い，などの多くの方がもっているイメージを意識する
- 科学的な図は，必要な情報を余すことなく，かつわかりやすく見やすくまとめることを心がける

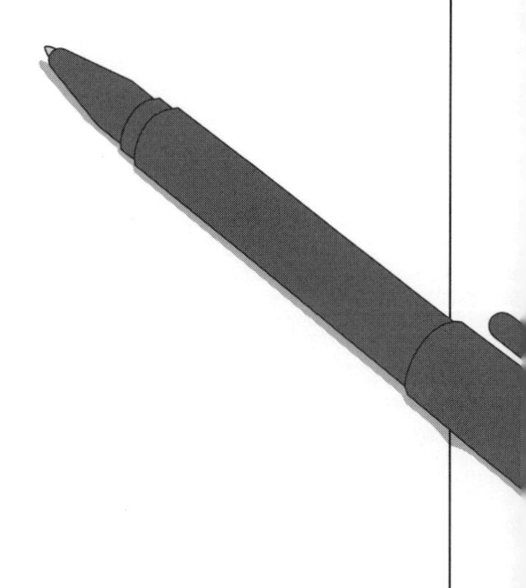

About Quote of the Day

ジョン・テューキー（John Wilder Tukey , 1915–2000）

本章冒頭の引用句は，統計家たちの間でテューキーの言葉として伝わっている有名な一節です．このなかで，データの視覚化とは無味乾燥なデータを生き生きとしたものにしていく作業であると述べられています．みなさんが研究で得たデータの価値を自分以外の方に認めてもらうには，まず自分の研究について知ってもらう必要がありますが，退屈な論文や発表で興味を惹くことは難しいでしょう．そのように考えると研究データを他人にわかりやすく視覚化することが，いかに大切なことかが理解できると思います．

さて，少し統計学を勉強されたことがある方であれば，テューキーといえば，多重性の調整方法の１つ，Tukey's methodを思い出すでしょうか．しかし，彼の統計学への貢献は非常に広範囲にわたっており，特に1977年に出版された“Explanatory Data Analysis”で提案されている，図によってデータを表現する方法のうち，箱ひげ図を提案したのもテューキーです．

彼がほかの統計家と異なりユニークな生い立ちをたどっている点としては，まず，アメリカでの初等教育期間を，いわゆる家庭教育（home schooling）のみで育てられた点があげられます．もう１つは，ブラウン大学で化学を専攻してから，プリンストン大学での博士の学位も化学で取得していることでしょうか．そのプリンストンで交流を深めたウィルキス（イギリス留学時にピアソンと働いている）により統計学的能力を認められ，プリンストン大学数学科でのポジションを得るのと同時に，AT & Tベル研究所，政府機関での３つのポストを掛け持ちして多くの研究者と一緒に多くの仕事をしました．

そういう今では当たり前になりつつある，多分野交流型の仕事のしかたをしていたこともあり，きっと，当時主流であった検証一辺倒の統計学的思考だけではなく，データに基づく科学的仮説探索に必要な方法論の重要性，現在のデータサイエンスの基礎となる考え方や研究，方法論について業績を残せたのかもしれません．

相談 8

先行研究などをみると，データが正規分布に従った方が分析しやすいらしいので対数変換などの変数変換をしていました．変換してしまうと，結果の解釈がよくわからない気がするのですが，本当に変換した方がよいのでしょうか．

Quote of the Day

"All models are wrong, but some are useful."

by George Edward Pelham Box in "Empirical Model-Building and Response Surfaces", 1987

コンサルテーション開始

(狐島) 失礼します．狐島です．

(毛呂山) ああ，狐島さん．どうぞお入りください．メールでご連絡いただいていた件ですよね．

先日のグラフの件はありがとうございました．おかげさまで良い学会発表ができました．

そうですか．どこで発表されたんですか．

モンゴル国のウランバートルです．

ウランバートルは私も行ったことがあります．もう暖かくて過ごしやすかったでしょう．

はい．これお土産と先日お借りしていたグラフの本です．ありがとうございました．

いえいえ，かえってお気遣いいただき恐縮です．こちらこそありがとうございます．……ん？ これはこれは，ゴビチョコレートじゃないですか！ ではお茶でもいれましょう．

なぜ変数変換をするのか？

それで，今日は変数変換に関するご質問でしたね.

そうなんですよ．実は，先日の平均値の群間差のグラフにアドバイスいただいた際に，差の絶対値が医学的に意味のあるものであれば，なお差をプロットすることに効果がある，ということをおっしゃってたのを思い出しまして（p.114参照）．あの場では，そうだと納得してそのままデータから推定された差の絶対値をグラフにしてしまったのですが……，あのマーカーの値のうちいくつかは実測値の対数をとった値だったので，差をとってもその絶対値は解釈できないことに学会で発表しながら気づいたんです.

そうですね．対数をとってからその算術平均（相加平均）の引き算をしてしまっているので，相乗平均（幾何平均）の比の対数になり直観的に理解しづらいでしょうね（図1）.

図1 対数変換後の算術平均同士を引き算すると……

$$\frac{\ln a_1 + \ln a_2 + \cdots\cdots + \ln a_n}{n} - \frac{\ln b_1 + \ln b_2 + \cdots\cdots + \ln b_n}{n}$$

$$= \frac{\ln(a_1 \times a_2 \times \cdots\cdots \times a_n)}{n} - \frac{\ln(b_1 \times b_2 \times \cdots\cdots \times b_n)}{n}$$

$$= \ln \sqrt[n]{a_1 \times a_2 \times \cdots\cdots \times a_n} - \ln \sqrt[n]{b_1 \times b_2 \times \cdots\cdots \times b_n}$$

$$= \ln \frac{\sqrt[n]{a_1 \times a_2 \times \cdots\cdots \times a_n}}{\sqrt[n]{b_1 \times b_2 \times \cdots\cdots \times b_n}} \begin{array}{l} \leftarrow \text{集団 a の相乗平均} \\ \leftarrow \text{集団 b の相乗平均} \end{array}$$

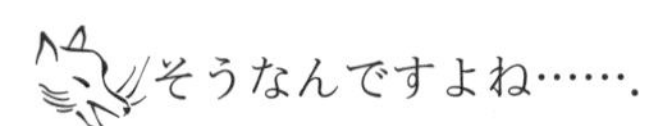
そうなんですよね…….

平均を出すだけだったら別に対数変換に限らず，いかなる変数変換もしなくったっていいんですよ．

明らかに正規分布に従っていなくてもですか？

はい．変数，つまり測定結果，狐島さんの研究だったらバイオマーカーの値が正規分布に従っているかいないかを気にしなければならないのは，データ分析に用いる統計学的手法が，変数が正規分布に従っているという仮定に基づいて提案されているときだけです．算術平均の計算の仮定に正規分布が必要である，なんて聞いたことないでしょう？

確かにそうですね．

「**非正規分布のデータでも，**
必ずしも変数変換する必要はない」

しかし，対数変換が必要な歪んだ分布の場合は算術平均自体にあまり意味がなくなってしまいますよね．

そうなんですよ．だからね，すべてのマーカー，マーカーに限らずほかの検査値とか観測された変数で同じ分布が仮定できない場合は，安易に比較のために同じ統計量を，今なら平均値の差でしたが，計算して並べることはしない方がいいんです．

そうですよねえ．発表しながらそう思いました…….

「**同じ分布だと仮定できない変数から**
計算された統計量同士を，安易に比較
してはならない」

そもそもね，その，正規分布を仮定した統計学的手法を使う場合にでも，むやみやたらに変数変換しない方がよいですよ．狐島さんがお気づきになった平均だけではなく，回帰分析や分散分析など，結果変数

に正規分布を仮定してパラメータを推定する手法でも同様です．例えばそもそも変換された値が変換後に行った解析で解釈可能な場合を除いて，基本的には対数変換に限らずむやみやたらな変換は避けた方がよいです．例として，一般的にデータを正規分布に近づける方法としてよく知られているボックス-コックス変換（図2）があります．対数変換はこのボックス-コックス変換の式のパラメータλが0のときの変換で，λの選び方によって，さまざまなべき乗変換となります．一般的には，データの変換後のばらつきを最小にするようにλを選ぶことが多いと思います．こうした変換も対数変換と同じように，ただただ正規分布に近づけたいからと親指ルール（※）のように適用すると解析結果に間違った解釈を与えかねませんから，注意が必要です．

※親指ルール（rule of thumb）：経験則，大雑把な方法

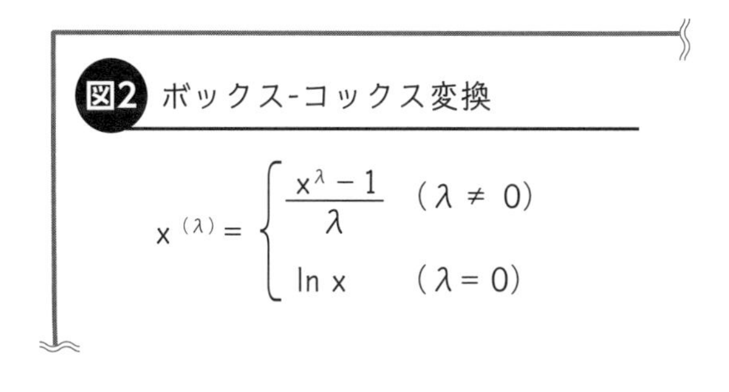

「むやみやたらと変数変換を
行ってはいけない」

ではどんな場合だと変換しても大丈夫なんでしょうか．

平均など，正規分布を仮定しなくても推定，計算が可能な統計量は変換自体が意味をなさない限りは行わない方がよいと申し上げましたが，つまり逆にいうと，対数の底を10にしたときに，結果の値，狐島さんの研究であれば変換後1の変化が元は10，2の変化が10の2乗で100の変化なわけなのですが，その対数変換後1，2，3とスケールが上がるこ

とと，元のデータが10，100，1000と変化していくこと（図3）に医学的に差がないと判断されたら，変換することに何の問題もありません．

こういう性質をもつ結果変数に，例えば回帰分析や分散分析を行う場合，変換した方が直観的にもわかると思いますし，値のばらつきが小さくなることにより見かけ上推定効率が上がります．つまり，検定や推定を行った場合に有意差が出やすくなる場合があります．ただし，これは，このように変換がうまくいった場合で，下手をすると逆に推定効率が下がったり，推定値にバイアスが生じたりします．

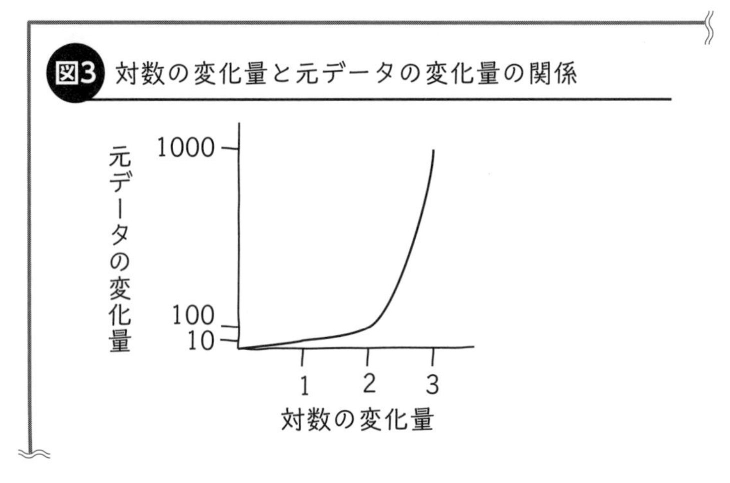

図3　対数の変化量と元データの変化量の関係

そうなんですね…….

「変数変換の前後で，その値がもつ医学的意味に変わりがなければ，変換は有用となりうる」

変数変換後は分布を確認

しかし教科書的にも「正規分布に従わないときは対数変換を使え」的に書いてあったりしますよね．

はい．今申し上げたようにその理由は主に2つです．

①分布の歪み，統計学的には歪度やskewnessといいますが，これをなくして，正規分布のように左右対称の分布にしたいから

②ばらつきを小さくして外れ値の影響を少なくしたいから

です．しかし，正しく理解せずに対数変換をしても，目的①も②も達成できないことを，Feng博士らは2013年のstatistical medicineという雑誌に掲載された論文のなかで非常にわかりやすく論じています．

その論文読ませていただいてもいいでしょうか．

いいですよ．ちょっとまってくださいね．このあたりに……．おお，あったあった．

ありがとうございます．

いえいえ．一応，統計学の専門雑誌なので，数式も出てくるしわかりにくいところもあるかもしれないから簡単に説明しておきますね．

おねがいします！

そのさっきの話の①番目の歪度を減らすに関しては，お手持ちのデータで適当な連続変数があればそれらを対数変換してヒストグラムを書かせてみればすぐにわかるんですが，そもそも，変換前のデータが対数正規分布してないと，歪度が減るどころか，ただゆがみが微妙に左にずれたとか右にずれたとか，最悪もっとひどく歪んだとか，そんなことが簡単に起きます．ですから，特に研究仮説の検証の要となるような大切な測定値は，変換後も必ず視覚的に分布を確認することが

とっても重要です.

ヒストグラムの活躍どころですね（相談3，7参照）.

そうですね. ヒストグラム以外に，正規分布に近い分布かどうかを確認するのにはQ-Qプロット，あるいは正規確率プロットとよばれるグラフが有用ですよ（図4）. 横軸に測定値の観測された分位点，縦軸にその測定値が観測された平均と分散をパラメータとする正規分布に従っているとした場合の分位点をプロットします. 縦軸と横軸は反対でもかまいません.

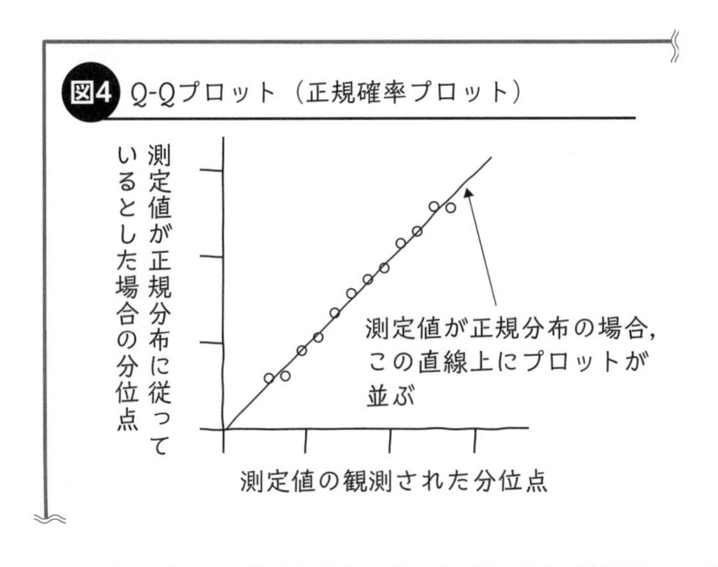

とにかく，データの数がそんなに多くなければ目で確認するのが一番早くて安心です. いろんな正規性の検定が考案されており，例えば有名なものにシャピローウィルク検定などがありますが，これらはよく2群の差の検定に使われるt検定などと同じように，データが正規分布に従っているという帰無仮説が棄却できないからといって，必ずしも正規分布に従っているとはたいていの場合いえないので，解釈に注意が必要ですしね.

「変数変換後のデータの分布はグラフで視覚的に確認するのがおすすめ」

変数変換の問題点

では，正規分布に従っていないと思われる場合，肝心のデータ解析，例えば回帰分析などをやりたい場合はどうしたらよいでしょうか．この点において，対数変換は有用，という流れでしたよね……．

そうだったのですが，先ほど申し上げた①の点（分布の歪みの補正）については，データが対数正規分布に従っていない限り歪みはあまり直らない，ということですよね．それで，②の点（ばらつきの補正）についてですが，Feng博士らは，まず変換を推奨するたいていの研究者の主張が，算術平均ではなく幾何平均が外れ値に頑健であることを論拠にしていることを示しています．

ガンケン？

おっと失礼．頑健とは，統計学用語で，特に推定問題の際に，測定の状況や値，あとは推定するための統計学的モデルや数理的な仮定に結果，つまり推定された値が影響を受けにくいということだと思ってください．英語でロバストといったりします．統計家同士でロバストとか話していたらたいていはデータに含まれる外れ値の影響を受けにくいか受けやすいかということを気にしてるんだと思ってもらっていいと思います．

統計家同士の会話はあまり聞いたことがないですけど，そんな用語が飛び交うなんてきっと宇宙人の会話のようですね．

そうでもないですよ．「最近あいつ彼女に棄却されたらしいよ」「へえ～．事前確率更新されたんだ」「結構ロバストでいいやつだと思ってたのに」「それはお前の因果モデルに基づいた場合だろ」とかそんな会話したりしません．

……．

さて，それはいいとして，Feng先生の論文に戻ると，対数変換するということは，変換後のデータの算術平均は元のデータの幾何平均になり，幾何平均は頑健だからその後のデータ処理によい，というロジックは，そもそも，幾何平均が解釈可能な場合はいいけど，算術平均を解釈したい場合の代わりに用いるのには3つの点で問題があるといっています．

1つ目は，算術平均のばらつきと幾何平均のばらつきのスケールが違いすぎること．

2つ目は，実は思っているほど外れ値に頑健な変換ではないということ．特によく知られているのは0値が入力されていた場合，対数変換はそもそもできないし，0でなくても，0に近い値の場合はマイナス無限大の方向へ変換されていくので，そういう値が入っていると，むしろ変換後の方が外れ値の影響を受けやすかったりします．そして，ご存知のように，生物学的値や臨床検査値は0付近の測定が多い場合も多々ありますよね．

3つ目は，2つ目とも関係しますが，そもそも，数理統計学的な定義からも，幾何平均と算術平均のどっちが頑健かというと，頑健さからいったら同じなのです．統計学で統計量，今回の場合ならば平均値が，外れ値に影響を受けやすいかどうかを示す指標がいくつかあるのですが，そのうちの1つ，breakdown point，破局点というのを各統計量に計算することができます．

だんだんついていけなくなってきてますが……．

まあまあ．じゃあ，詳しいことは，そうだな……，この本（参考文献参照）なんかを読んでもらうとして，とにかく，その外れ値に影響を受けやすいかどうか測る指標で評価すれば，幾何平均と算術平均は同じってことなんですよ．

そうなんですね……？

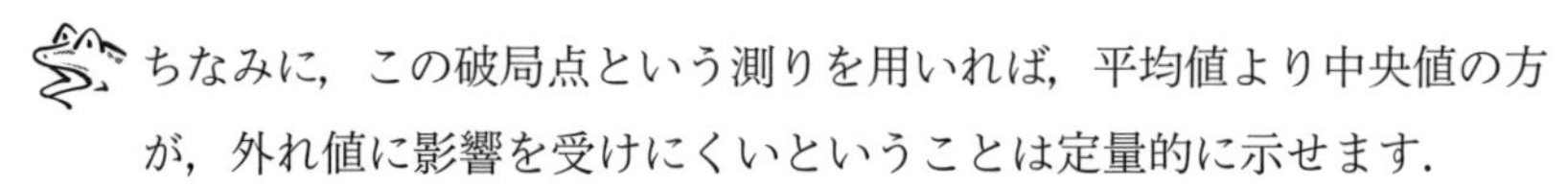
ちなみに，この破局点という測りを用いれば，平均値より中央値の方が，外れ値に影響を受けにくいということは定量的に示せます.

それで，歪んだ分布のときの代表値には中央値が使われることが多いわけですね.

解釈もできますしね.

「対数変換を推奨する根拠となる論理には，いくつかの問題点がある」

非正規分布のデータの解析法

では，正規分布に従ってないと思われる場合，肝心のデータ解析，例えば回帰分析などをやりたい場合はどうしたらよいでしょうか．という問題に戻っていただいてもよいでしょうか？

はい．そのような場合，Feng先生らは，無理に変換して正規分布を仮定する手法を適用するより，俗にいうノンパラメトリックな手法，つまり，推定や検定を行ううえで分布を仮定しない手法を用いろといっています．

じゃあ，例えば，t検定をやめてマン-ホイットニーのU検定にすればいいんですかね？

それがね……．そう簡単ではなく，その手法では分布に仮定を置かないために，測定値そのものではなく，そこから順序統計量というものに置き換える必要があるのですが，そのためにあらゆるパラメータに関する情報が使えなくなっちゃってるんですよ，実は．

例えばt検定の帰無仮説は「二群の平均値は等しい」だったと思いますが，この「平均値」っていうのも，実はデータから推定されるべきパラメータなので，順序統計量からは元のデータの平均値は推定できないわけです．だから，ウィルコクソン順位和検定，つまり，マン-ホイットニーのU検定の帰無仮説は，一般的には「二群の平均値は等しい」ではありません．「“二群の母集団の分布”が等しい」なんです．ですから平均が同じでも，分布の形状が大きく異なる場合も検出されます．例えばこんな感じのときとか（図5）．

図5 平均・分散は等しいが，分布の形状が異なる場合

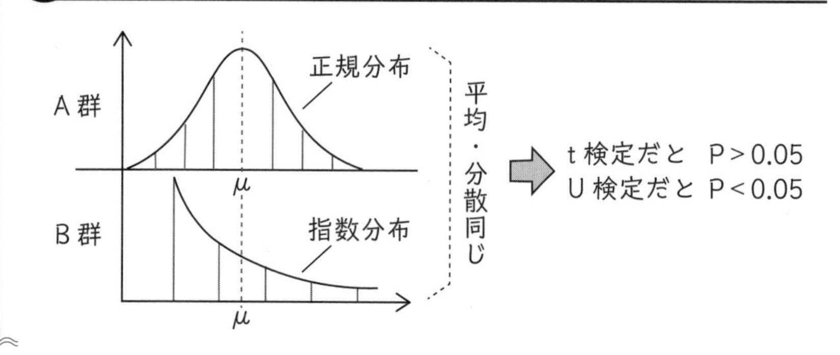

そうだったんですか！ でも皆さん当たり前のように平均値を比較したい状況でノンパラメトリック検定を使われてますよね.

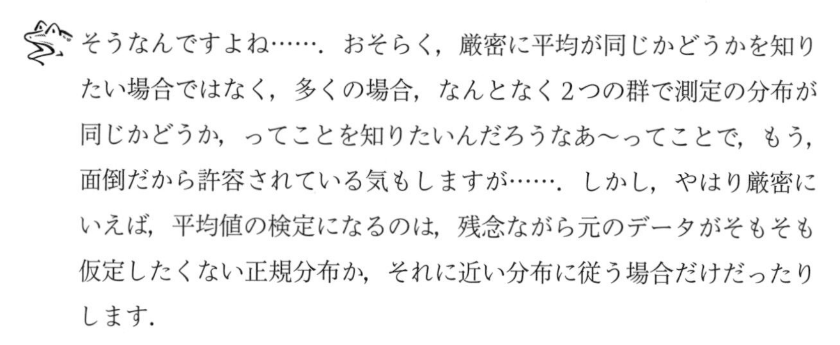

そうなんですよね……. おそらく，厳密に平均が同じかどうかを知りたい場合ではなく，多くの場合，なんとなく2つの群で測定の分布が同じかどうか，ってことを知りたいんだろうなあ〜ってことで，もう，面倒だから許容されている気もしますが……. しかし，やはり厳密にいえば，平均値の検定になるのは，残念ながら元のデータがそもそも仮定したくない正規分布か，それに近い分布に従う場合だけだったりします.

「**非正規分布のデータを，ノンパラメトリックな手法で解析するときも，それぞれの手法で適用される仮定が異なるので注意が必要**」

この分布の仮定に対する検定や推定の頑健性は，検定が考えられた時点でもその後でも，いろんな研究者が研究して示しているのですが，変換にはこだわるのに，なぜか多くの場合，そこは流されますね…….

コックス回帰の比例ハザード性は確認されず，とりあえず生存時間解析はコックス回帰やってみよう，みたいな感じでしょうか.

よくご存じですね．そんな感じです．

何かの記事で読みました．

そんなこともありましたね……．一時的にクローズアップされても，またみんな比例ハザード性も確認しなくなるんですよね……．

そもそも，私たちにはいろんな統計手法がいろんな仮定に基づいているという意識が低い気がします．

統計学的な手法は基本的に数学的な思考に基づいて考案されているので，たいていの方法には，仮定がくっついています．その仮定の多くは，「統計学的モデル」とよばれるもので，例えば，「測定値の母集団での分布が正規分布に従っている」という仮定も統計学的モデルの1つです．そのようなモデルは，ファッションモデルさんなどと一緒で，現実でもあり得るわけなのですが，あくまでモデルなので，そこらにありふれているほどは現実的でない場合が多いんですよね．手が届くようで届かないというか（笑）．だから，モデルなわけなんですけど，それがあると，その後の分析や結果の解釈がしやすい．ファッションの世界だと，服が売れやすくなることが多いことが期待されるので，みんなモデルを使いたがる．しかも，人気のあるモデルを使いたがる．統計学だと，この売れっ子モデルが正規モデルなんですよね．

じゃあ，状況や仮説にあわせてモデルを変えてもいいわけですね？

そういうわけです．というか変えるべきです．ただ，人気の理由はちゃんとあって，正規モデルが数学的に扱いやすいことが多いのです．気難しくギャラの高いモデルはいくら理想でも使えないのと一緒です．モデル選択は理想（科学的仮説）と現実（数学的性質や計算可能性）の両方をよく考えてくださいね．

「**統計学的モデルは状況や科学的仮説に応じて選ぶもの．ただし，計算しやすさも大事**」

なぜ対数変換が推奨されてきたのか？

ちなみに，Feng先生の論文には続きがあってですね．

まだあるんですか!? もうだいぶ今日は頭がいっぱいですが…….

まあ，そうアレルギーを起こさずに．そもそも，なんでみんな親指ルール的に対数変換を使いたがるようになったかっていうと，偉い先生が「使うといいよ」とまではいわなかったものの，みんながよく読む雑誌で前向きな印象を与える感じでいっちゃったり，教科書に書いちゃったりしたからなんですよ．

まあ，そうだろうと思ってましたが…….

だから，このFeng先生の論文が掲載された後，猛烈な抗議レターが送られてきて，それらも掲載されてきたんです．「なぜわれわれが対数変換推しか」について（笑）．

なんて書いてあったんですか？

「そもそも，批判された著者らが書いた先行文献でも，対数正規分布に従うような変数には対数変換が適当である，としか述べられていない」．

そうなんですか？

まあ……，そんな感じではあるので，統計学を専門としない人が読んで，広く浸透していくうちに伝言ゲーム的に「歪んでる分布には対数正規」となっていってしまったことは，否めないかもしれないですよね……．しかしFeng先生の論文が書かれたのが2013年で，先行文献が1996年とかなので，20年近く口頭伝承現象を放置されていたのを知らなかったわけでもないでしょうから，今さら先行文献が正しい，正しくないを議論するのはあまり生産的ではない気がしますよね．

確かに．私たちは90年代の統計学の論文や教科書を読む機会も，読もうという意欲もないですし…….

私と同じような感想をもったほかの研究者が，この偉い人たちの反論に対して，Feng先生たちの論文を支持するような内容のさらなるレターを書いてきたりして，読んでいくと結構おもしろいんですよ．よかったらのちほどメールで送ります．

ありがとうございます．しかし，統計学って案外奥深いですね…….

そうなんです．皆さんがさらっと日常用いている親指ルール的な手法でも，こうして20年くらいずっと気にして研究されていたり，論じられたりしているのです．でも，科学の本質ってそういうものですよね．当たり前が本当に当たり前なのか，目に見えるものが本当に真実なのか．そこからはじまるのは，統計学も先生方の研究と基本的には同じなんですよ．

「**過去の常識が新たな科学的知見によって覆される点は，統計学も生物学と変わらない**」

今日はとっても勉強になりました．論文頑張って仕上げます．

身体壊さない程度に頑張ってくださいね．

＜コンサル終了＞

今日のまとめ

- 測定値が明らかに対数正規分布に従わない場合は，対数変換は使わない方がよいです．
- その他の変換についても，正規分布を仮定する方法を用いたいからといって安易に正規分布に近づけようと変換を行うことは危険な行為となる可能性を秘めているということに注意しましょう．
- どうしても歪んだデータを分析したい場合には，正規分布を仮定している一般的な手法を用いない道も模索してみましょう．

参考文献

- Feng C, et al : Log transformation: application and interpretation in biomedical research. Stat Med, 32 : 230–239, 2013
- Huber PJ & Ronchetti EM.「Robust Statistics.2nd ed.」, Wiley, 2009

［上記のFeng先生の主張に関する一連の論文］

- Bland JM, et al : In defence of logarithmic transformations. Stat Med, 32 : 3766–3768, 2013
- Alexander N & Anaya-Izquierdo K : Comments on‘Log transformation: application and interpretation in biomedical research.’ Stat Med, 32 : 3768–3769, 2013
- Nieboer D, et al : Log transformation in biomedical research: (mis) use for covariates. Stat Med, 32 : 3770–3771, 2013
- Feng C, et al : Response to comments on‘Log transformation: application and interpretation in biomedical research.’Stat Med, 32 : 3772–3774, 2013
- Bland JM & Altman DG : Transformations, means, and confidence intervals. BMJ, 312 : 1079, 1996

今日の狐島さんのノート

- 非正規分布のデータでも，必ずしも変数変換する必要はない
- 同じ分布だと仮定できない変数から計算された統計量同士を，安易に比較してはならない
- むやみやたらと変数変換を行ってはいけない
  - 変換された値が，変換後に行った解析で解釈可能な場合を除き，むやみに変換を行わない
- 変数変換の前後で，その値がもつ医学的意味に変わりがなければ，変換は有用となりうる
  - 変換により，回帰分析や分散分析の結果が直感的にわかりやすくなる
  - 値のばらつきが小さくなり，見かけ上の推定効率が上がる（有意差が出やすくなる）
- 変数変換後のデータの分布はグラフで視覚的に確認するのがおすすめ
- 対数変換を推奨する根拠となる論理には、いくつかの問題点がある
- 非正規分布のデータを，ノンパラメトリックな手法で解析するときもそれぞれの手法で適用される仮定が異なるので注意が必要
- 統計学的モデルは状況や科学的仮説に応じて選ぶ．ただし，計算できることも重要
- 過去の常識が新たな科学的知見によって覆される点は，統計学も生物学と変わらない

About Quote of the Day

ジョージ・ボックス
(George Edward Pelham Box, 1919－2013)

テューキー同様，化学に当初は興味があったようですが，戦争を挟んで大学に戻ったときに統計学に転向し，エゴン・ピアソンの下で博士の学位を取得してから，なんとピアソンと敵対関係にあったフィッシャーの娘と結婚して，多くの統計学的な業績を残し20世紀最高の統計家といわれるようになり，ウィスコンシン大学マディソン校に統計学部を設立した先生です．

その業績には，ボックス-コックス変換など名前がついている方法も多いのですが，最も重要な業績は，非線形（ノンリニア）モデルの当てはめ問題についてでしょうか．特に時系列データへのノンリニアモデル当てはめ問題についての論文や教科書は現在でも色あせることなく，統計学を学ぶ者にとって聖書のような存在になっている著書も多いのです．そのうちの1つ，1987年にノーマン・ドレイパーと共同執筆した“Empirical model-building and response surfaces”のなかに有名な“all models are wrong, but some are useful”という文があります．

これは，教科書のなかでも実験デザインの観点から，バイアスと分散とモデルフィッティングに関して説明してある章のなかで，統計学的モデルが多項式で近似されることについて，(例えば鳥が飛ぶ軌道は短距離であれば直線となり，長距離であれば2次曲線になるかもしれない，など)，それほど気にしなくてもよい，なぜならすべてのモデルは近似なのだから．という文脈で現れます．私たちは，当たり前のように日常データを分析するときには90％（かなり主観確率ではありますが……）程度は線形多項式近似して問題を解いているのですが，それをしっかりと意識してデータを分析している人は少ないかもしれません．

ボックスはこの文の後にも大切な言葉を残しています．“However, the approximate nature of the model must always be borne in mind.”つまり，近似であるということを，常に心（頭）に留めて分析を行うことが，どういう近似を行うことがよいのかこだわることよりも，もっともっと大切なのです．まさに本章の狐島さんにも伝えたい言葉だといえます．

相談 9

相関係数にピアソンとスピアマンと2つ出てきたのですがどっちを使えばよいのでしょうか．また，値が0.6では，2つの要因の間に相関があるとはいえないのでしょうか．

Quote of the Day

"The theory of probability will deal with abstract concepts and not with any real objects. Therefore, the application of such a theory will be possible only if one can establish a bridge or a correspondence between concepts of the theory and real facts."

by Jersy Neyman in "Lectures and conferences on mathematical statistics and probability", 1952

コンサルテーション開始

（大鷹）失礼します．大鷹です．

（犬飼）こんにちは．犬飼です．

（毛呂山）こんにちは．今日はお二人お揃いで．

先日の研究の件は本当にありがとうございました．無事に結果が出て論文を作成しているところです．

そうですか．それはお役に立ててよかったです．

それで，論文を仕上げるときに，このタンパク質の発現量と別のマーカーの発現量を比べたいと思って，とりあえず犬飼くんに相関係数をSPSSでどうやったら計算できるのか聞いて計算しようとしたんですけど，選択肢としてピアソンの相関係数のほかに，ケンドールのタウとスピアマンの相関係数と3つの方法が出てきたので，とりあえず3つとも計算したんです．そうしたら，バイオマーカーの値の分布が歪んでて，正規分布っぽくはみえなかったので，スピアマンでいいのかなって思ったんです．それに，こういうのはいけないと思うんですが，一番高い値が出てきていましたし……．でも犬飼くんは，そんなのはだめだから，ピアソンでも示すべきだっていうし，結局論文にはどれを使ったらよいかお伺いしたくてきました．

犬飼さんは，なんでどっちも示すべきと思ったの？

僕は，大鷹さんが自分の都合に合わせて選んでいるように思えたので……．

そんなことはないですよ．

そんなことも……あるかもしれないねぇ．

ちょっとちょっと，なんだか悪者扱いですが，こうして聞きにきているじゃないですか！

まあ，もう，どっちでもいいんじゃないかな…….

ええ!!

先生，今日なんか疲れてませんか？

そうかもしれないね…….

大丈夫ですか!?

あ，全然平気平気．私も人間なんで，疲れてる日もあるよ．最近暑くなったり寒くなったり気温変化が激しいし．

そうですよね．私もちょっと風邪気味です．

くれぐれも悪くしないようにね．お茶でもいれようか．

ありがとうございます，いただきます．

紅茶でいいかな？

僕，ハーブティーがいいです．

私は紅茶で大丈夫です．

最近兎田先生はお変わりないですか？

そうですね．相変わらず厳しいですが，最近お茶にはまっています．

そうなんだ．

どんなお茶ですか？

日本茶ですかね．なんか，いろいろお勧めされます．先日は鹿児島出張ですごく美味しい深蒸し茶を見つけたとかで興奮されてました．

そうですか，お変わりないようでよかったです．今度うかがってみよう．

先生も日本茶を飲まれるのですか？

飲みますね．

じゃあ，あの……，今度はお茶とお菓子をもってきます.

いや，いいよいいよ（笑）．まあ，じゃあ，今書いてらっしゃる論文がアクセプトされたら，そのお祝いにお茶で乾杯でも一緒にさせてください．さあ，紅茶とハーブティできましたよ．どうぞ.

ありがとうございます.

いただきます.

ピアソンか？ スピアマンか？

さて，それで，なんだっけ？

相関係数は，どっちがいいかっていうことです．

どっちがいいかってね．データから統計量とか推定量とか，何かしらの計算をするときには，やっぱり今の研究仮説を検証するためにその統計量の性質や仮定などが，手元にあるデータで満たされているかどうかってことが大事なんだよね．でも，それってたいていは，特に生物学的データでは，理論的に明確に証明できないことが多いのです．だから，みなさん「どっちがいい」問題にぶちあたっちゃうんだけど…….

「統計解析の前に，得られたデータが
仮説を検証するに足るものか検討する」

私が知っている限りですと，とりあえず，正規分布に従っているような2つの測定の相関を見たいときは，ピアソンの相関係数なんですよね？

正規分布に従っているとわかっていれば，それこそどっちだっていいんだよ．それより，見たい関係が本当に線形なのかってことの方がどちらかというと重要かな．でもそれは，スピアマンでも一緒なんだけど，一般的にはスピアマンの相関係数は順位統計量の相関係数なので，ピアソンより外れ値に影響を受けにくいよ．そして，そういう点からも，漸近的に，つまり，サンプルサイズが大きくなれば，2つの相関係数の値はほとんど変わらなくなるはずだよ．それで結局，何例測定したのかな？

頑張って，28例ずつ解析できたんですよ！

それはよかった．けど，20～30例だと，まだ2つの相関係数の値が

小数点１桁まで一緒になる確率はそれほど高くないかな.

そうなんですね……．では，どれくらいあったら，ほとんど変わらなくなりますか？

分布によるけど，正規分布に近い分布だったら，1,000例もあればほとんど変わらないことが多いと思いますよ．どういうことかというと，例えば，ピアソンの相関係数の推定値のばらつき，つまり標準誤差（SE）は，ピアソンの相関係数をフィッシャー変換した値が平均の正規分布に従うことが知られています（図1）．そこで，もし相関係数を0.3と仮定して，小数点以下１の位の精度は保ちたいとした場合，95％信頼区間の幅が0.25～0.35，つまり0.1くらいになるといい感じだと思えるわけですね．

図1　ピアソンの相関係数（r）のフィッシャー変換と標準誤差（SE）

$$F(r) = \frac{1}{2}\ln\frac{1+r}{1-r} \qquad SE = \frac{1}{\sqrt{n-3}}$$

で，後で計算してみたらわかると思うんですが，このくらい大きめの相関係数ならば変換の前後でそんなに値が変わらないので，そのままこのスケールでざっと計算してみることにします〔※F(0.3)≒0.31となる〕．また，正規分布に従う推定量の場合，信頼区間はだいたいSEの２倍×２，つまり４倍になっているので，この式（図2）を解けばよいから，N≒1,600あれば，かなり信頼性高く相関係数が0.3であるといえますね．一方，100例くらいだと，だいたい$\sqrt{100}$は10なので，SE＝0.1となって，信頼区間は4×0.1＝0.4くらいの幅になりますから，真の値が0.3くらいの相関係数であれば0.1～0.5の幅で推定される確率が95％くらいになると思われます．

図2 信頼区間（CI）の幅を0.1に収めるためのサンプルサイズは？

$$CI = 4 \times SE = 4 \times \frac{1}{\sqrt{n-3}}$$

$$0.1 = 4 \times \frac{1}{\sqrt{n-3}}$$

$$n - 3 = 40^2$$

$$n = 1600 + 3$$

なるほど．そうやって考えればいいんですね．

「

2つの変数のもとの分布が正規分布ならば，
サンプルサイズが大きくなれば，ピアソンでも
スピアマンでも相関係数の値はほぼ同じになる

」

それで，とりあえず，今私の研究データは正規分布に従ってなさそうだし，スピアマンでいいってことなんでしょうか？

まあ，そう結論を急がずに．しかし，先に親指ルールを指南すれば，そういうことになりますよ．正規分布に従ってない2変量の相関を見たい場合は，スピアマンの相関係数を計算した方がいいってね．

じゃあ，やっぱり論文には，スピアマンの相関係数を計算したって書けばいい，ということですよね？

ところで，今回の研究の主目的は2つの薬剤投与によってタンパク質の発現量が同じように変化するかどうか，探索的に仮説を検証することでしたよね．

そうですね．

その研究仮説の検証に今計算されている相関係数は影響しますでしょうか．

いえ．どっちかというと考察に使いますでしょうか．ターゲットとなるバイオマーカーとして，ほかのタンパク質発現とどういう関係があるのかは知っておきたいというところで相関を調べました．

そうなんだ．それで，投稿予定先は，分子生物学系の雑誌かな？

とりあえず，Nature，Cell系の雑誌から順にと思ってるんですが……．

そういうことならば，どっちも書いてもいいかもしれないですよ．

……？ ちょっとおっしゃる意味がわからないのですが……．

今，大鷹さんと犬飼さんにお茶をお出ししましたが，紅茶でいいかとお尋ねしたとき，犬飼さんは「ハーブティで」とお答えになった．なんで，ハーブティがいいと思いましたか？

それは，僕昨日飲みすぎちゃって，ちょっと胃をやられているので，なるべく刺激が少なそうなお茶がいいなと思って……．

そうだったんだ??

大鷹さんはなんで紅茶でいいって答えたの？

それは，なんとなく……．先生のおすすめなのかなって……．いや，あまり深く考えてなかったです．

まあでも，すごく嫌いで飲めない飲みものじゃなくって，今のこの場ですぐに用意してもらえそうで，みたいな感じだよね．きっとね．

そうかもしれません．

研究の仮説を証明したり，探索したりするときに使う統計学的方法の選び方も，今みたいな感じのときがあるんだよね．

???

なんというか，例えば，お茶飲みますか？って聞かれて，ビールお願いしますって答えられたら，今の状況では絶対「ノー」だよね．

そうですね……．

夜だったらありなんですかね（笑）.

そうかもしれませんね（笑）. そんなにまだ飲みたいの？ 胃が痛いくせに？

ビールなら……, 飲めるかもしれないですね.

無理だろ？

まあ, じゃあ, 昼間だし, そもそも研究室にはビール置いてないし, お茶って言ってるんだし（笑）, お茶のカテゴリーから選んでほしいわけです. でも, お茶だったらなんでも自由度高く選んでよいわけでもなく, ここはお茶専門店じゃないから,「深蒸し緑茶」って頼んでもすぐ出てきそうにないじゃない. 兎田先生ならご用意されるかもですが……. つまり, お二人はある程度空気を読んで, 私が用意できそうなものをお答えになっている.

そう言われればそうですね.

そうなんですよ. 人って案外すごいよね. この場で想定される選択肢のなかから, 一瞬でかなり次元を落として現実的に可能な選択をされているんですよ. たいていの人はね. なかには, ビールとか言ってくる人もいるかもしれないんだけど…….

はは. 兎田先生とか言いそう.

（苦笑）. それで, 今の大鷹さんの論文が置かれている状況的にはさ, 紅茶がピアソンで, ハーブティがスピアマンで, 深蒸し茶がケンドール, ビールが一致度を測るK係数ってところかな.

なるほど～.

わかったの!?

はは. 犬飼さんはわかったのか. つまりさ, 論文が生物系の雑誌であれば, 読み手は生物学者のことが多くて, みんながよく知りたいことを示すのであれば, よく使われるわかりやすい方法である方がいいの

で，ケンドールをあえて使うと，「なんで？」となるから，よほどのことがない限り避けたいわけですよ．でも本当はケンドールって，実はスピアマンより相関を測定するのに良い指標であることも多いから，ソフトウエアでは計算してくれることが多いんだけどね．とはいえ，やっぱりあえて使う理由が少ないのでみんなが使わないから，よけいにみんな使わなくなっているという状況なんだよ．

「**論文の想定読者に馴染みのよい解析法を選択することも悪いことではない**」

本題に戻ると，今の大鷹さんの状況には理屈上スピアマンが合うから，選択肢として理由づけるのにぴったりなんだけど……．一般的に，考察に使うから探索的に相関を見たい場合，特に例数が少ないデータの分布をグラフなどできちんと論文中に示すと，脇役のくせに主役みたいな見ためになっちゃうからあまりやりたくないんだけど，そもそも分布とかもよくわからない測定値に対して相関を知りたい状況って多いですよね．そういうときに，それぞれの測定値の要約統計量・平均，分散などと一緒にピアソンとスピアマンと両方の計算結果を示しておくと，ある程度2変量の分布を想像する目安になる場合も多いんだよね．

というわけで，2つの相関係数の値があまり変わらないようであればスピアマン，すごく違う場合には両方示しておくのが，今の状況ではおすすめかな．

なるほど．

「**ピアソンもスピアマンも両方とも示すのがよい場合もある**」

相関係数をどのように解釈すればよいのか

ついでにもう1点いいでしょうか？

なんでしょう.

今回はピアソンでもスピアマンでも，どちらにせよ計算された値が0.6くらいなんですが，これで相関があると言い切ってしまっていいものなんでしょうか？ p値は有意差ありなんですが…….

ふむふむ，先ほどの式にあてはめるとこのようになって（図3），確かに信頼区間が0をまたいでいないから，「相関がない＝相関係数が0」という帰無仮説を検定すれば，確かに棄却されて，相関がないとはいえない，という結論にはなります.

図3 28サンプルで相関係数0.6の場合の信頼区間を求める

$$SE = \frac{1}{\sqrt{28-3}} = \frac{1}{5} = 0.2$$

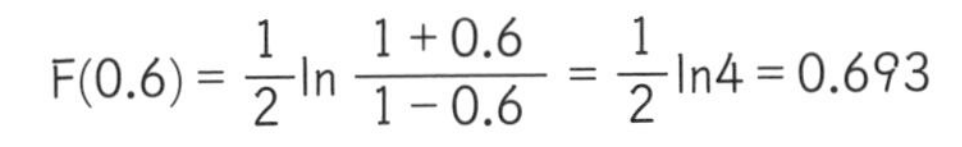

$$F(0.6) = \frac{1}{2}\ln\frac{1+0.6}{1-0.6} = \frac{1}{2}\ln 4 = 0.693$$

信頼区間上限：
$0.693 + 0.2 \times 2 > 1$

信頼区間下限：
$0.693 - 0.2 \times 2 > 0$

じゃあ，相関はある，といっていいんですね？

相関がないとはいえないは，相関があるとは違います（相談4参照）.

それがいつもわからないんですよ…….

例えば，兎田先生が深蒸し茶にはまっているから，どんな緑茶でも好きなんだろう，という推論はちょっと乱暴な気がしませんか？

ああ，そういうことですね.

そうかなあ……．そうかもしれないです．

つまり，1つの仮定を否定できたからって，その反対の仮定を採択するためのすべての論拠にはなってないことの方が多いんです．だから，統計学的検定を使って研究仮説の検証を行う場合は，なんとなくすっきりしない結論になってしまい，それで，みなさん「統計は難しい」という気分になってしまうのですが，ちょっと考えれば，そもそもみなさんが検証したい科学的仮説は，限られた環境や1つの研究でそんなに簡単に結論が出るようなものではないのだから，このくらいの言い回しでちょうどいいと思うのですがね．

データから推測された事象は，観察事象のように，白黒はっきりあるなしつけられるものではないと．

そうですね．あくまで，データの奥にある真実を推測しているにすぎないのでね……．本当のことは見えてないことが多いんですよ．観察事象についても，実は一緒なんですけどね．まあいいや．

それで，相関の大きさについては，絶対的にこの値以上大きいと相関あり，ということもありません．

なんとなく，0.1くらいだと，小さいとかはあると思うんですが……．

これは，先ほどたとえに出したお茶の話がまた良いたとえになると思いますが，犬飼さんが「胃が弱っているから」といって，「昆布茶」ではなく「ハーブティー」とお答えになったように，選択が「好み」にも影響されるということです．研究者や雑誌，雑誌のエディター，分野によって，「好まれる統計量」というのがあるのも事実．そして，相関係数にも「好まれる大きさ」みたいなものがあります．

例えば，すごくよく研究しつくされていて，経験的にだいたい0.8くらいはないと相関があるとはいえない関係を測定して0.6だったら，ちょっと弱い相関だったなと思うものですよ．これに対して，ばらつきが大きい測定同士の相関係数は高く出にくいので，分野によっては

測定が難しくて0.3くらいあればかなり強い相関と思われていたところに0.6と出た場合には，すごく強い相関関係だな，という印象になるわけです．

そういうものなんですね．

よくわかりました．では，印象として私が0.6を強いと感じたことは悪くなかったでしょうか？

そうですね．そこは大鷹さんの今までの知識や経験が生かされるところです．あとは先行研究などから，その値がどういう意味をもっているのか，きちんと解釈してくださいね．

ありがとうございます．やってみます．

「**相関関係の強弱は，相関係数の絶対値ではなく先行研究や経験から相対的に判断する**」

よく使われる＝正しいものとは限らない

ちなみに，分野によって方法の選択に好みがある例えなんですが，一番わかりやすいのが，統計量ではないんだけど，グラフ．最近のNatureでもこのような（図4）棒グラフを見かけましたが，このエラーバーつき棒グラフはよく使うでしょ？

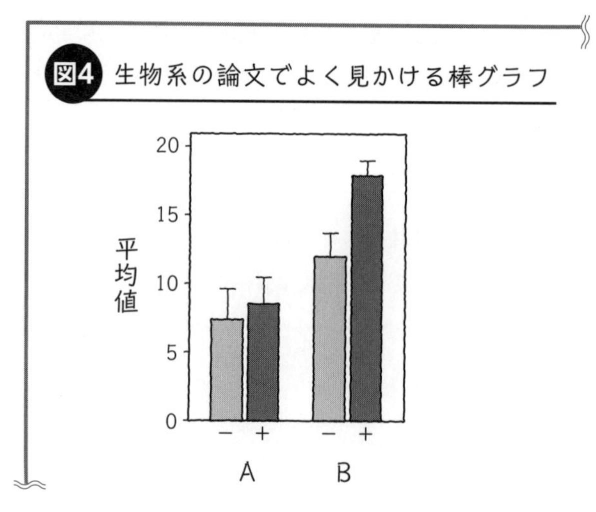

図4　生物系の論文でよく見かける棒グラフ

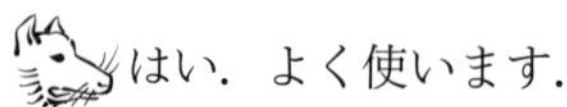

はい．よく使います．

実はこれ，主に生物系の人たちが伝統的に使う特殊グラフで，統計学的にはあまり良くない要素たくさんのグラフなんだけど，これだけいろいろな統計学者が「使わない方がいいよ～」といろいろなところでいってても，まだこんなみんなが読む雑誌に堂々と使われる．

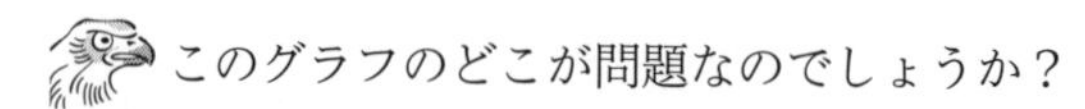

このグラフのどこが問題なのでしょうか？

問題は2つ．1つ目は，そもそも棒グラフって棒の長さがスケールによって変わるから，平均の差なんかを見せるときに作った人の感性で印象がいくらでも変わっちゃう．平均や計算した推定値の大きさをあらわしたいときに使うのは間違いじゃないけど，感覚的に，上や横に積み重なって伸びていけるような数値の比較，よくあるのは売上金とか，にはしっくりくるけど，バイオマーカーの平均値なんて，伸び縮みする数値ではないですよね…….

言われてみればそうかも……．僕もいつも棒の長さは悩みます．

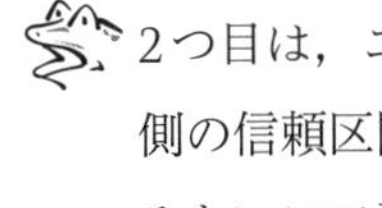2つ目は，エラーバーがたいてい上側だけピコっと出ていること．上側の信頼区間にしか興味がない場合はいいけど，たいていは，この図みたいに二群での分布の差を見たい場合が多いから，それにはこの上側エラーバーはあまり役に立たない．そこで，最近の特に医学系の雑誌では，エラーバーは両側，つまり下側にも付けて表示すること，という投稿規定やガイダンスを示しているものもありますよ．

SPSSでもできますか？

私はSPSSでグラフを描いたことがないんだけど……，ちょっと待ってね．SPSSならば，IBMのホームページから……．あったあった，この「単純エラー棒グラフ」というので，この手順に従って作れるみたいですよ．

ありがとうございます！ やってみます．

ほかの分野の人たちはどういうグラフを描いてるんですか？

最も推奨されるのは，このように（図5）箱ひげ図にプロットを重ねて表示させたものかな．そうですね……，例えば，このNature Medicineに掲載されたCAR-T細胞療法に伴うサイトカイン放出症候群に単球由来のIL1と6が関連している可能性を報告した論文，これ個人的にかかわっている研究に関連していたので読んですごくおもしろかったんですけど，この論文のfigure1みたいな感じね（参考文献参照）．

箱ひげ図にプロットを重ねて表示させたグラフ

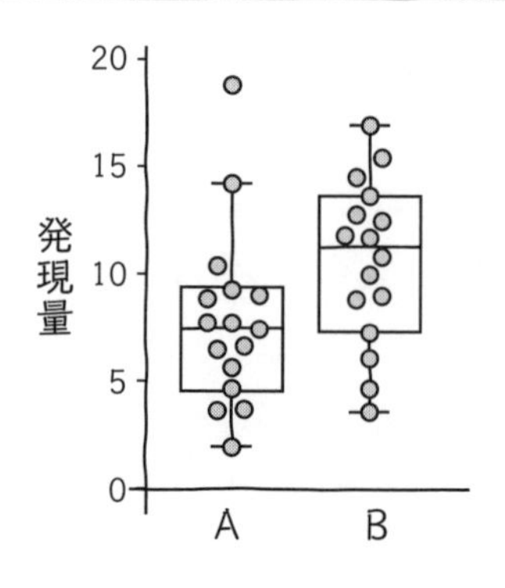

なるほど．確かにこの方が，データをより正確に読み手に伝えられますね．

そうなのですよ．一般的なソフトウエアならばたいていこういう図は出力されるはずですよ．

「**二群での分布の差を図示したい場合は，棒グラフよりも箱ひげ図などがおすすめ（相談7参照）**」

毛呂山先生はこんな論文も読まれるんですね．

もちろんです．共同研究に関係しているから，というのだけではなく，特にインパクトの高い雑誌，Nature，Science系列などは，そのテーマとなっている科学的仮説自体に興味があって読むこともありますが，そのテーマをどのような方法を使って検証・プレゼンしているのかということをチェックする目的で読むことも多いです．先ほど申し上げた，「好み」問題の把握もしたいですし，何より，どういう方法論があれば，みなさんの研究の役に立つかを考える非常に良い材料になりますからね．

医学系の雑誌は読んでも難しいと思って，自分の研究に関係ある引用文献以外はあまり読まなかったのですが，この論文は確かに興味深いです．こっちもいいですね．

若い間は特に，分野をどんどん開拓したり，広げたりするいいチャンスですので，ぜひ，関係しそうな分野の雑誌にときどき全体的に目を通してみてください．きっといいことがありますよ．

ありがとうございます．

これで論文も仕上がりそうです．

頑張ってくださいね．投稿してからが，大変ですからね！

「**興味のある論文だけではなく，雑誌全体にも目を通してみよう．新たな発見があるはず！**」

<コンサル終了>

今日のまとめ

- それぞれの統計量には，背景となる数理モデルや統計モデルがあります．どのモデルでデータを表現するか選択するのは，研究者自身です．測定データの表面的特性だけにこだわらず，その測定値が従うであろう理論的な分布，生物学的背景を考慮するのと同時に，今その統計量を用いて解決したい問題を解くときの状況に応じて，最適な統計量を選んで研究仮説を論じるために用いる必要があります．

参考文献

- Kowalski CJ : On the Effects of Non-Normality on the distribution of the sample product moment correlation coefficient. JRSS, 21 : 1-12, 1972
- Norelli M, et al : Monocyte-derived IL-1 and IL-6 are differentially required for cytokine-release syndrome and neurotoxicity due to CAR T cells. Nat Med, 24 : 739-748, 2018

今日の大鷹さんのノート

- 統計解析の前に，得られたデータが仮説を検証するに足るものか検討する
- スピアマンの相関係数，ピアソンの相関係数，ケンドールのタウの選び方
  - 両者の相関係数があまり変わらなければスピアマンのみを，明らかに差がある場合は両方示すという戦略もある
  - 2 つの変数が正規分布に従うなら，サンプルサイズが大きくなれば，ピアソンでもスピアマンでも相関係数はほぼ同じになる
  - 読者に馴染みがないためあまり使われることはないが，本当はケンドールのタウを用いる方がよいこともある
  - 「よく使われる=正しい」とは限らないことを念頭に置く必要はあるが，論文の想定読者に馴染みのよい解析法を選択するのも悪くない
- 相関関係の強弱は，相関係数の絶対値ではなく先行研究や経験から相対的に判断する
- 二群での分布の差を図示したい場合は，棒グラフよりも箱ひげ図など，測定値のバラツキが目で見てわかる方法がおすすめ
- 興味のある論文だけではなく，雑誌全体にも目を通してみよう．新たな発見があるはず！

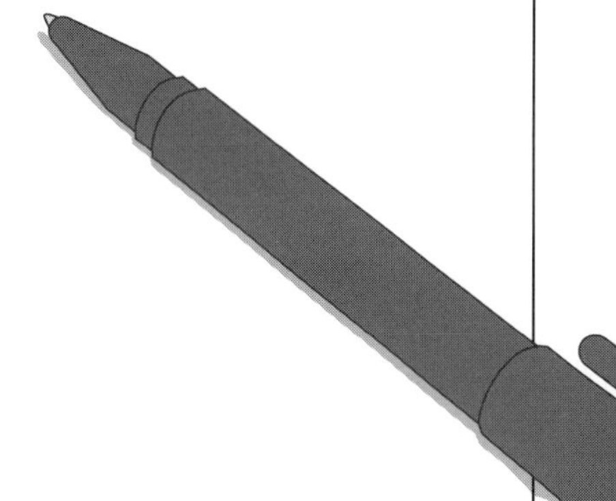

About Quote of the Day

イェジ・ネイマン（Jerzy Neyman, 1894–1981）

カール・ピアソンの息子，エゴン・ピアソンと交流が深く，ピアソンより1年先に生まれて1年後に亡くなった偉大な統計家の一人であるネイマンは，ロシアで生まれたポーランド人でした．

1938年アメリカのカリフォルニア大学に職位を得たネイマンは，当時まだ統計学が普及していなかったアメリカにピアソンらとの研究を広め，1955年バークリー校の統計学部設立に貢献しました．ネイマンもフィッシャー同様，特に農業分野で活躍しましたが，統計学部設立前の1952年，ワシントンにある政府の農業機関（日本での農林水産省的な機関）における農学博士課程で行った数理統計学の講義録のなかで，まずは確率論についての説明，そして確率論と実験との関係について述べてから仮説検定の理論について説明をしています．

その確率論と実験との関係について，「確率論は抽象概念であって現象そのものを扱っているのではない．ゆえに，そういう理論の応用は，現実と概念との懸け橋あるいは対応がとれない限りは行うべきではない」と述べた後，続いて“Actual applications must be preceded by numerous checks and rechecks of the permanency and the accuracy of such correspondence. ”と述べています．まさに，臨床試験における品質管理の考え方がここに凝縮されて述べられているように感じます．

ボックスは「すべてのモデルは近似だ」ということを述べていましたが（p.142参照），ネイマンはその近似（ここでは確率論の応用）を現実世界に応用する場合には，なぜその近似（概念）を適用しているのかちゃんと理解して理由が明確に述べられない限りは安易に適用するべきではない，と主張しているのです．本章の大鷹さんも，やはり親指ルール的に統計学的モデルを選ぼうとしたばかりに犬飼さんを納得させられるような反論ができませんでした．

基礎を理解し応用する力を養う．どんな分野にも通じるはずのことが，なぜに生物や医学の分野で数理や統計学的モデルを適用する場面になると軽くあしらわれることが多いのか．いまだにネイマン〜ボックスと50年以上経っても変わらぬ伝統が垣間見えます．

相談10

サンプルサイズ設計できるソフトウエアを教えてください．

Quote of the Day

"HINTS! I NEED MORE HINTS!"

by Snoopy, in PEANUTS January 17, 1986

コンサルテーション開始

（毛呂山）あれ，猿渡さんではないですか．

（猿渡）あ！ 毛呂山先生！ ちょうどお伺いしたいことがあって…….
今日ってお時間ありますか？

いいですよ．

ありがとうございます！

では，だいたい何時ごろにいらっしゃるかだけ教えていただけますか？

じゃあ，15時にお願いします！

承知しました．

——15時

失礼します．

さて，緊急案件を伺いましょう．その前に，修士論文合格できたかな？

おかげさまで．本当にありがとうございました．お礼に……，兎田先生おすすめの深蒸し茶です．大鷹さんから，先日毛呂山先生も飲んでみたいとおっしゃっておられたと伺ったので．

いや，飲んでみたいとは言ってないけど（笑）．でも，興味はありました．大変ありがとうございます．いただきます．ちょうど，さっき別の先生が学会出張土産に置いていってくれたお菓子があるよ．お茶いれましょう．

いただきます．「黒い愛人」ですね．意外と緑茶に合いそうですね．

どうぞ．それで……？

サンプルサイズ計算の理論を学ぼう

 実は私，博士課程に上がれることになったので…….

 それはおめでとうございます！

 ありがとうございます．それで，続きの実験を計画していて…….

 早速？ すごいね．

 はい……．それで，今回は先生に教わったコンセプトマップを書くところからはじめてみたんです．といっても，前にご相談した研究とは測定する項目が少し違うだけで，ほとんど研究デザインは同じなので，あとはサンプルサイズを決めればいいだけなのですが……，これを簡単に計算できるソフトウエアがあれば教えていただきたいのです．

 なるほど，また遺伝子発現量を測定するのかな？

 そうですね．

 そうすると，まずは基本的なサンプルサイズの求め方は知っているのかな？

 一応この「Sample Size Determination and Power」という本に載っている方法でいいのかなって思ったので，それを計算できそうなソフトウエアを自分なりに調べてみたら，ソフトウエアをいくつか紹介しているサイトが見つかったので，とりあえずどれか使ってみようとしたんですがよくわからなくて…….

 じゃあ，理論的なことはその本なんかで勉強してもらうとして……．あ，検定の考え方がわからないといけないよ．確か，修士の研究も発現量の差を2つの群で検定を用いて検証されてましたよね．今回も同じでいいのかな？

 はい．

じゃあ条件はこれでいいかな？（図1）

図1 現時点で判明しているサンプルサイズ計算の条件

検定	両側
エフェクトサイズ（平均の差）d	0.5
αエラー	0.05
$1-\beta$エラー	0.9
$n_1 : n_2$	1：1

この教科書に載っているサンプルサイズの一番単純な求め方は，大概のソフトウエアで計算できるんだけどね．私が一番お気に入りなのはPASSというソフトウエアですが，サンプルサイズを計算するのに一番有名なソフトウエアはnQuery（エヌクエリー）かな．ほかにも一般的な商用ソフトウエアのSPSS，SASやJMP，もちろんフリーソフトのRなんかでも，1変量の平均値の差の検定をする場合のサンプルサイズだったらたいてい計算ができるはずだよ．

「**基本的なサンプルサイズ計算は，**
たいていの統計ソフトで実施可能」

G*Power※を用いたサンプルサイズ計算の実際

※G*Power 3.1.9.2に基づき解説

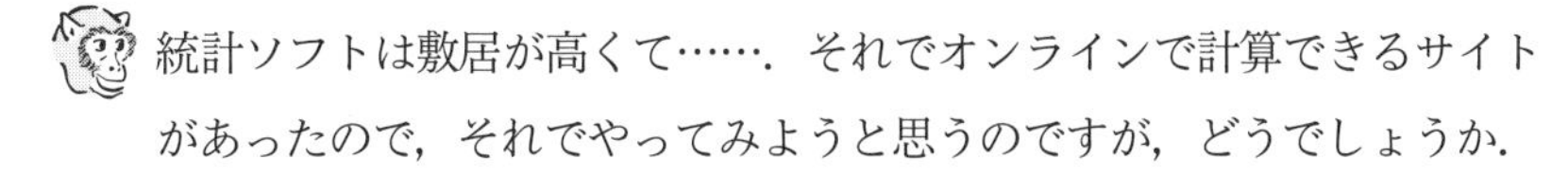

統計ソフトは敷居が高くて……. それでオンラインで計算できるサイトがあったので，それでやってみようと思うのですが，どうでしょうか.

オンラインのサイトねえ……. もう少し格を上げて，フリーソフトでおすすめのG*Powerなんかどうかな.

私でも簡単に使えるでしょうか.

ちょっとやってみますか？ 私のPCにはインストールしてあるから.

ありがとうございます！

最初に起動するとこういう画面が出てくる.

はい.

そうすると状況に応じたサンプルサイズ計算ができるようになっているのがわかるでしょう. 今［Test family］は，t検定を行うだけとすれば［t tests］だからそのままでよくて，横の［Statistical test］はデフォルトだと相関係数が0かどうかの検定を行う場合になってしまっているので，これを下にのばすと……，たくさんの検定法が出てくる.

うわ…….

まあまあ，君は英語くらい読めるでしょ.

まあ……. あ，この［Means:Difference～（two groups)］ってところを選べばいいんでしょうか.

そうでしょうかね. じゃあ，選んでみますかね. すると，次に［Type of power analysis］のところで計算したいものを選んで…….

今は［A priori: Compute required sample size～］を選べばいいんで

しょうか.

そうですね.そうしたら,あとはサンプルサイズを計算するのに必要なパラメータの値を入力すれば計算できます.例えば[α err prob]は検定をするときの有意水準ですから,これは両側0.05とかにして,検出力[Power(1－β err prob)]を0.9にします.[Allocation ratio N2/N1]は,2群のサンプルサイズに違いがあるかどうかで決まるので,いまはどちらの群も同じだけ集めるとすれば,比率は1になるので,このあたりは簡単に決まりますよね.

難しいのは,この[Effect size d]というところです.これは,各群で対立仮説,つまり差があると想定される状況で観察されるであろう平均と標準偏差から計算できます.それぞれの平均値と標準偏差SDは先行研究などからある程度「えいや!」っと入れてしまいましょう.入力場所はメインウィンドウの右側にありますから,今は適当に[n1 = n2]の[Mean group1]を1,[Mean group2]を1.5,[SD δ group1]と[SD δ group2]をそれぞれ0.3と入れてみますね.

今回は修士論文に使った研究のデータなどがあるから入れやすいけれど,全然わからないときはどうしたらいいんでしょうか?

それは,先行研究などからある程度想定される値の範囲を決めてあげて,値をいろいろ動かしてサンプルサイズを計算するのがいいですよ.今はこの計算結果を使うとすれば,[Calculate and transfer to main window]というアイコンを押すと,自動的に左側のメインウィンドウ内の[Effect size d]のところに計算結果が入力されます(図2).

便利ですね.

では,この[Calculate]を押して実行してみますよ!

はい!

1群9サンプルと出ました.この上に出てくる図は,赤いのが帰無仮説のもとで計算されるt検定統計量,青い点線が対立仮説のもとで計

図2 最終的に入力したサンプルサイズ計算の条件

検定	両側
エフェクトサイズ（平均の差）d	1.667
αエラー	0.05
$1-\beta$エラー	0.9
$n_1 : n_2$	1：1

$\mu_1 = 1$
$\mu_2 = 1.5$
$SD_1 = 0.3$
$SD_2 = 0.3$

算される統計量ですが，このくらい差があれば，とても少ないサンプルサイズで平均値の差が検証できることがわかります．

いいですね！

ただし，前も申し上げたかもしれませんが，1群10サンプル未満だと，t検定が外れ値に影響を受けやすいことから，帰無仮説が正しいもとで，つまり，本当に2群で発現量に差がないときには正しい結果を導き出しにくいことがわかっています．そこで，母集団の平均や分散の推定精度，つまり，そもそもの発現量の分布がどんな感じかをよく見極められるようにするためにも，少なくとも10サンプル，できれば20サンプルくらいはほしいところです．

そうですね．たぶん，実際もっとSDが大きい場合が多いでしょうし，そうするともっとたくさんサンプルサイズが必要になるんでしょうか．

ちょっとやってみようか．例えば2倍の0.6にしてみると……．ほら，1群32サンプル必要と出ました．

やっぱりそうですね．でも，SDを決めるのは難しいんですよね……．

わかります．案外サンプルサイズは統計学的にも厳密には決まらないんです．たくさん仮定が必要になりますし．それに例えばね，違うソフトウエアで実行すると違う計算結果になったりもするんですよ．これ，だから統計学的にある程度のあたりをつけたら，もう最後は実施

可能性，つまり，集められそうなお金や時間などいろいろな見積もりを総合的に判断して，最終的に実験に必要なサンプルサイズを決めることになるのですよ．

ソフトウエアによって計算結果が違ったりもするものなんですね．

平均値の差の検定だったらそんなに計算式にバリエーションがないのですが，例えば生存時間解析のサンプルサイズ計算などは，結構いろんな計算式が提案されていて，ソフトウエアによって，どの式を採用して計算しているのか注意が必要です．

「統計学的手法を用いてもサンプルサイズを厳密に決めることは難しい」

統計ソフトウエアの選び方

そのレベルになると私では全然わからないんですが…….どうしたらいいんでしょうか？

できれば，統計の専門家に相談すること．

はい．今相談させていただいていますが……，そうはいっても，いつでも毛呂山先生にうかがうわけにもいかないような…….

いつでも来ていただいていいんですよ．ただ，やはりある程度はご自身で見積もれるようになるといいですよね．そのためには，フリーのソフトウエアだと，バージョン管理がきちんとされていなかったり，急に使えなくなったりする場合もあるので，これから研究者としての道を進まれるんであれば，やはり何か1つくらいご自分が使いやすい商用統計ソフトウエアで計算できるようになっておくことをおすすめします．

先輩などからもらったExcelの計算プログラムを使うとかでは，やっぱりだめなんでしょうか？

Excelもちょっと集計を出したいときなんかは悪くないと思うのですが，統計ソフトウエアと違ってやはりマクロを作った人のプログラミングの腕にかかってしまうというか…….それと，Excelの関数を使うと丸め誤差も心配です．

丸め誤差ですか？

案外気にしてない方も多いのですが，小数点以下がたくさんある数値をくり返し使って計算するようなアルゴリズムを組んだ場合，有効数値の桁数をどこまでとるかによって最終的な計算の精度が変わってしまうんですよ．統計ソフトは内部のアルゴリズムでできる限り工夫をして，この最終計算結果の計算精度をできる限り高めるようにしてい

るのです．計算アルゴリズムのバリデーション（妥当性の確認）をきちんととりながら，かつメモリの利用効率や計算速度もそこまで落とさないプログラムにしていくことは計算機のプログラミング専門家ではないと，なかなか難しいことですから，やはりどの程度の技術があるかわからないプログラマーが作ったフリーのソフトウエアやプログラムの利用には気を付ける必要があります．

そうなんですね…….

「**餅は餅屋．統計学的解析にはできるかぎり専用の商用ソフトウエアを使いたい**」

先生のおすすめは，やっぱりSASですか．

そんなに大きなデータを解析しないのであれば，SASも最近ではフリーかつオンデマンドで使えるので便利ですよ．あとはSTATA, S-PLUSやJMPなんかは，視覚的にデータを理解しやすいツールが充実しているし，プログラミングが苦手な人にもおすすめです．

20年くらい前，商用統計ソフトウエアの信頼性を評価した論文もありました．その当時は全体的にSASかSPSS，ツールによってはS-PLUSが非常に性能が良さそうな結果でしたが，今はどのソフトウエアも内部のアルゴリズムが改良されているでしょうから，きっとどれを使っても，そこまで性能には差がないと思います．けれども，採用している統計学的方法論には差があるので，ご自身が自分のデータに適用したいと思う統計学的方法がどのソフトウエアに一番実装されているかで選ぶべきなんじゃないかと思います．そういう観点では，例えば遺伝子発現解析であれば，Partekは分野特異的な機能がたくさんついていて使いやすくていいですし，JMP-Genomicsなんかもいいですよね．ただ，サンプルサイズ計算の機能がないんですよね…….

「ソフトウエアに実装されている統計学的方法論を理解したうえで選ぶことが大切」

サンプルサイズ計算をより深く学ぶために

せっかく博士に入ってみたのでプログラミングも少しはやってみようかと思うんですが……．やっぱりRが一番よいでしょうか？

Rはよく使われているからツールが揃っていてよいと思います．加えて最近ではPythonの方が人気があって，ツールも多岐にわたって開発されているので，これから勉強されるならばPythonでデータ解析できるようになるといいかもしれないです．ただ流行もあるので，また主流は変わってしまうかもですが……．

勉強してみます．

「

プログラミング言語には流行がある．
今プログラミングを学ぶならば，
RもよいがPythonもおすすめ

」

それで，ちょっとサンプルサイズ計算の話に戻ると，1変量の場合はざっくりとあのサンプルサイズ計算でいいんですけど，遺伝子発現量の場合は，一度に非常に多くのプローブを測定することも多いですし，実験計画の段階で，コントロールサンプルを入れるのか，同じアレイに同じサンプルをくり返し入れるのかとか，デザインやノーマライゼーションの方法で実験条件による測定誤差，いわゆるテクニカルエラーを考慮しますよね．

はい．私の実験も，次は4回くり返し測定を数サンプル入れて測定誤差を考慮したいと思っていたところです．

そうした実験誤差を考慮した場合や，チップ特異的な問題に対応した分析をしたい場合，あとはバッチエフェクト（実験環境に起因するデータの変動）を補正したり，ノーマライゼーションのプロセスを考慮したい場合など，最終的な解析方法が単純な検定にならないことが多いので，遺伝子発現解析に特化したサンプルサイズ計算に関する論文がいくつかあります．

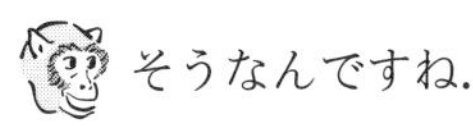

そうなんですね．

例えば，候補遺伝子だけではなく，ゲノム全体を測定したいわゆるWhole genome studyの場合は，第一種の過誤つまり，αエラーをコントロールしたい場合ではなくFDR（false discovery rate）をコントロールしたい場合も多いので，そういうときはRのBioconductorに入っているsizepowerなどのパッケージを使ってサンプルサイズを見積もることもできます．

「**遺伝子発現量解析におけるサンプルサイズ計算に特化した計算手法も開発されている**」

FDRって論文に出てきた気がします……．おいおい勉強していきたいのですが，どんな本を読んだら勉強できますでしょうか？

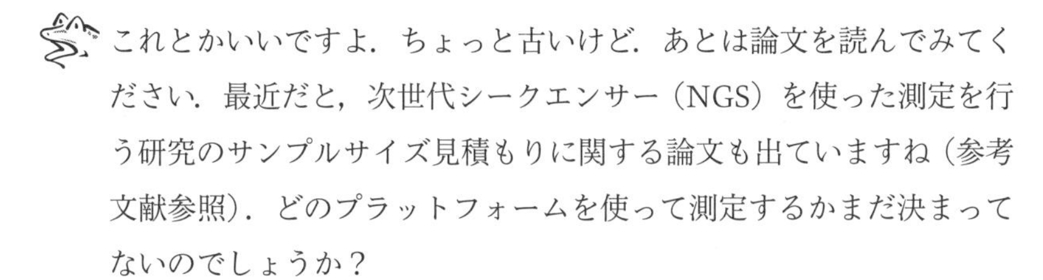

これとかいいですよ．ちょっと古いけど．あとは論文を読んでみてください．最近だと，次世代シークエンサー（NGS）を使った測定を行う研究のサンプルサイズ見積もりに関する論文も出ていますね（参考文献参照）．どのプラットフォームを使って測定するかまだ決まってないのでしょうか？

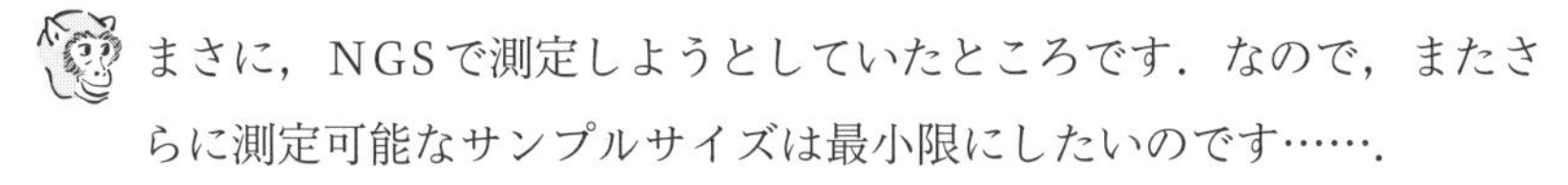

まさに，NGSで測定しようとしていたところです．なので，またさらに測定可能なサンプルサイズは最小限にしたいのです……．

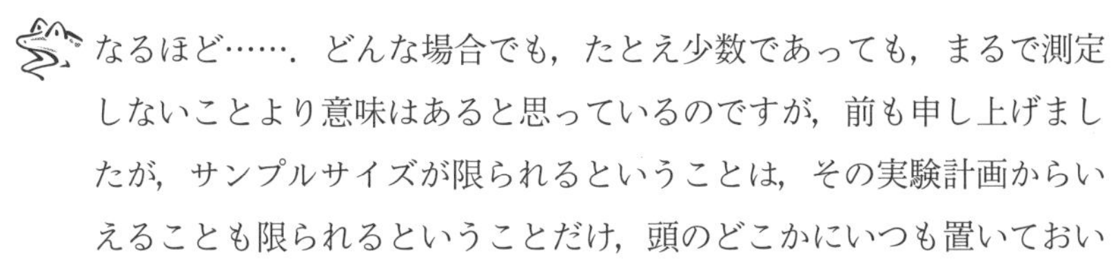

なるほど……．どんな場合でも，たとえ少数であっても，まるで測定しないことより意味はあると思っているのですが，前も申し上げましたが，サンプルサイズが限られるということは，その実験計画からいえることも限られるということだけ，頭のどこかにいつも置いておい

ていただきながら，研究を進めていっていただければよいと思います．

「限られたサンプルサイズからは，限られた結果しか得られない！」

今日ご紹介していただいたこの本，お借りしていってもよいでしょうか？

どうぞどうぞ．これは，解析方法だけではなく実験計画についてもとても参考になると思いますよ．ただし，NGSの技術が開発される前の本なので，プラットフォームに合わせた実験計画やサンプルサイズ設計に関しては，研究計画の段階で，最新の研究を必ず文献検索で探していただいてまた相談にいらしてくださいね．

わかりました．またプラットフォームと測定方法がはっきりした段階であらためて相談に伺わせてください．

お待ちしています．ところで，大学はもうすぐ春休みですね．修了旅行でも行かれるのでしょうか？

いえいえ．また毎日実験です！

身体にはくれぐれも気を付けてくださいね．お茶ごちそうさまでした．

＜コンサル終了＞

今日のまとめ

- とてもよく使われる手法によって，検定や推定を用いて主となる研究仮説を検証したい場合のサンプルサイズ計算は，主な商用統計ソフトウエアで計算できます．ほかにも，RやPythonといったフリーのソフトウエアの関数や，フリーで提供されているサンプルサイズ計算可能なソフトウエアを利用することも可能です．ただし，内部で採用されているアルゴリズムに微妙な違いがあるので，求めたい計算式が採用されているか，必ずインストラクションなどで確認が必要です．求めたい計算式が妥当かどうかわからなければ，よく使われている商用統計ソフトウエアを使うか，統計の専門家に相談しましょう．
- 統計ソフトウエアは万能ではありません．どんな商用ソフトウエアであっても，方法によっては計算結果に誤差を含んでいる可能性やバグが起こっている可能性が0ではないことを心に留めて使いましょう．

参考文献

［サンプルサイズの求め方が掲載されている教科書］

- Ryan TP :「Sample Size Determination and Power」, Wiley & Sons, 2013
- Altman DG :「Practical Statistics for Medical Research」, Chapman & Hall, 1990

［ソフトウエアの信頼性と性能評価］

- McCullough BD : Assessing the Reliability of Statistical Software: Part I. Am Stat, 52 : 358-366, 1998

- McCullough, BD : Assessing the Reliability of Statistical Software: Part II. Am Stat, 53 : 149-159, 1999
- Sawitzki G : Testing Numerical Reliability of Data Analysis Systems. Comput Stat Data Anal, 18 : 269-286, 1994

[遺伝子発現量を測定する研究デザインと解析に関する教科書]

- Simon RM, et al :「Design and Analysis of DNA Microarray Investigations」, Springer, 2003

[遺伝子発現量をマイクロアレイで測定した場合のサンプルサイズ設計に関する論文]

- Tsai CA, et al : Sample size for gene expression microarray experiments. Bioinformatics, 21 : 1502-1508, 2005
- Lee ML & Whitmore GA : Power and sample size for DNA microarray studies. Stat Med, 21 : 3543-3570, 2002
- Jung SH, et al : Sample size calculation for multiple testing in microarray data analysis. Biostatistics, 6 : 157-169, 2005
- Dobbin K & Simon R : Sample size determination in microarray experiments for class comparison and prognostic classification. Biostatistics, 6 : 27–38, 2005

[遺伝子発現量をNGSで測定した場合のサンプルサイズ設計に関する論文]

- Hart SN, et al : Calculating sample size estimates for RNA sequencing data. J Comput Biol, 20 : 970-978, 2013
- Ching T, et al : Power analysis and sample size estimation for RNA-Seq differential expression. RNA, 20 : 1684-1696, 2014

今日の猿渡さんのノート

- 基本的なサンプルサイズ計算は，たいていの統計ソフトで実施可能
  - ・PASS，nQuery，SPSS，SAS，JMP，R，G*Power などで計算できる
- 統計学的手法を用いてもサンプルサイズを厳密に決めることは難しい
  - ・使用するソフトウエアによって計算結果が変わることもある
- 餅は餅屋．統計学的解析にはできるかぎり専用の商用ソフトウエアを使いたい
  - ・フリーソフトや Excel のマクロによる計算結果は，丸め誤差などの計算精度に注意が必要
- ソフトウエアに実装されている統計学的方法論を理解したうえで選ぶことが大切
- プログラミング言語には流行がある．今プログラミングを学ぶならば，Rもよいが Python もおすすめ
- 遺伝子発現量解析におけるサンプルサイズ計算に特化した計算手法も開発されている
- 限られたサンプルサイズからは，限られた結果しか得られない！

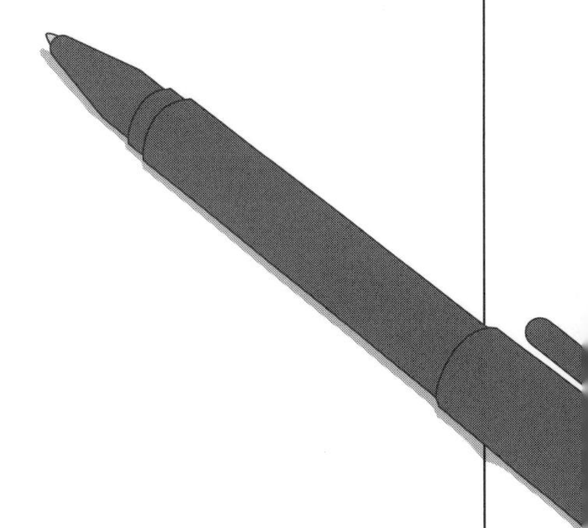

About Quote of the Day

スヌーピー（チャールズ・M・シュルツ，1922-2000）

言わずと知れた日本でも大人気のアメリカで生まれたビーグル犬です．1986年の1月も犬小屋の屋根の上に座っているとチャーリーブラウンがやってきて「君は僕の名前さえ覚えてないに違いない！」と言われます．飼い主のチャーリーブラウンは，イニシャルや音韻などのヒントを与えますが…，スヌーピーは思い出せず…．チャーリーは完全にスヌーピーをパートナーと思っていますが，スヌーピーは自分が主人と思っている節があり，チャーリーの名前すら憶えていません．本章冒頭の引用句はそのときのスヌーピーのセリフです．

さて，そんなスヌーピーのセリフを借りてしまいましたが，統計学が科学の文法である（p.22参照）と，統計学の父カール・ピアソンが現代の統計学の土台作りをしてから100年以上経とうというのに，筆者のもとに相談に来る方は，現代のインターネット上でのキーワード検索に慣れてしまったためか，相談もキーワードのみの提示が増えてまいりまして，文脈を読み取るどころの騒ぎではございません．猿渡さんが相談されたサンプルサイズ設計などは良い例で，計算には非常に多くの条件を要しますが，その条件の数値を引き出そうといろいろ伺ってもキーワードしか与えられず，なかなか本質的な条件の値にたどり着けないことは多々ございます．科学の需要から生まれたはずの統計学は，キーワード時代にあっては実は歴史遺産になりつつあるのでしょうか．

相談11

統計学の専門家に解析方法を相談したいと先輩にお願いしてみたら，先輩の真似をしたらよいといわれました．それでよいのでしょうか．

Quote of the Day

"Some people hate the very name of statistics, but I find them full of beauty and interest. Whenever they are not brutalised, but delicately handled by the higher methods, and are warily interpreted, their power of dealing with complicated phenomena is extraordinary. They are the only tools by which an opening can be cut through the formidable thicket of difficulties that bars the path of those who pursue the Science of man."

by Sir Francis Galton, in Natural Inheritance, 1889

コンサルテーション開始

（トントン）

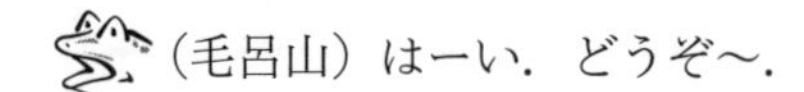

（毛呂山）はーい．どうぞ～．

（猿渡）こんにちは，毛呂山先生．猿渡です．今ちょっとお時間いただいても大丈夫でしょうか？

どうしましたか？ 暗い顔して．まあ，どうぞ．

ありがとうございます……．すみません，お約束もしないのに．

でも先生あんまりつかまらないので．今日はいらっしゃってよかったです……．

ごめんなさい．最近学会などで留守が多くって……．まあ，お座りください．

はあ……．

博士課程はどうですか？

まあまあです……．

実験がうまくいかないのでしょうか．計画書は倫理審査に通ったのかな？

まだなんです……．継続審査で．その間に修士論文を学会誌に投稿してリジェクトで返ってきたので，それを修正中なのですが……．その際にわからないことがあって，先生のところに質問に来ようと思ったのです．

そうでしたか．それは留守がちにして申し訳ありませんでした．

いえ，問題はその修正の内容というより……．

いうより……？

先生に相談に行きたいので，少し修正原稿の期限を延ばしてもらおうと思っていたら，先輩が「あの原稿どうなってんだ？」というので正直にその旨をお伝えしたら，「そんなことは，同じような論文を真似して書き直せばいいんだし，そもそも統計解析の方法なんてみんながやっている方法と同じようにこうやっておけばいいんだ！」と相談に行くことさえやめておけと言われてしまい…….

ああ……，まあ，それで論文としてジャーナルに掲載されれば結果オーライかもしれないですけどね.

そうなんですか？ そういうものなんですかね……. 僕は結構最初から考えてきたので，今さらほかの論文と同じようにやれとか言われても，逆にそれがしっくりこないというか……，そもそも，本当にプロトタイプ的に論文を書いてしまっていいものなのか……とか，プロトタイプと同じにして大丈夫だとしても，それ自体が僕だとまだ判断つかないし，兎田教授は「好きにやれ」しか言わないし……，不安で…….

なんだか，猿渡くんらしくないね.

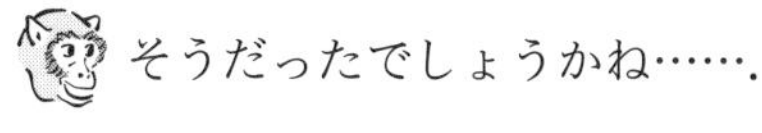

そうだったでしょうかね…….

生物学と統計学の歴史

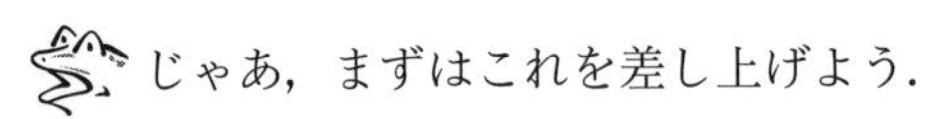

じゃあ，まずはこれを差し上げよう．

おお！ これは！って……，ノーベル賞メダルチョコですか（笑）．

そうそう，首から下げて下げて．あとこれお茶ね．

これは，見たことない新しいカップですね！ しかも！ ムンクですね．先生，ノルウェーに行かれたんですね．

わかっちゃった？ 昨日までオスロで学会だったの．猿渡くん，オスロに行かれたことはありますか？

残念ながらありません……．いつか行ってみたい街です．どうでしたか？

想像以上に良かったですよ．遠かったし，疲れたけど……．それはそうとね，じゃあ，このムンクという人を知っていますか？

一応……，知っています．「叫び」を描いた人ですよね．

そうそう．このムンクが活躍した時代というのは，「世紀末藝術」といわれた頃で19世紀末～20世紀初頭なんですがね．

はい……？

その時代ってちょうど第一次世界大戦が起きた頃でもあって，藝術だけじゃなくって科学にも革新的なことがいろいろ起きた時期なんですね．

ほう．

その，ムンクと同時期に活躍した有名な統計家が，カール・ピアソン（1857-1936）ですが，そのピアソンが相関や回帰の分析手法を発展させる基礎を築いたのは，ピアソンの親の世代に生まれたゴルトン（1822-1911）でした．

ゴルトン……って，優生学の？

ご存知でしたか．そうです．実は，ゴルトンは遺伝学の方が有名かもしれませんが，統計学的思考を生物学，特に遺伝学に取り入れていきながら発展し，確立する基礎を作った最初の統計学者でもあるのです．ええと，確かこの辺に……（本を探す）……あったあった，これこれ．彼の著書「Natural Inheritance」は一見遺伝学の教科書ですが，前半の3章分くらいはかなりの部分が統計学の基礎的な教科書のようになっています．特に，5章で正規分布や正規分布に基づくばらつきの考え方が述べられていますが，そのなかでこんな記述があります．

The Charms of Statistics-It is difficult to understand why statisticians commonly limit to their inquiries to Averages, and do not revel in more comprehensive views. Their souls seem as dull to the charm of variety as that of the native of one of our flat English counties, whose retrospect of Switzerland was that, if its mountains could be thrown into its lakes, two nuisances would be got rid of at once.

つまり，ゴルトンは，当時の，今からすればまだ未成熟な統計学が主に平均，あるいは平均構造のみにデータを要約することに執心することを，批判するというより残念に感じていたようで，統計学の素晴らしさが「ばらつきを扱えることにあるんだ」ということをここで主張しています．これが，ゴルトンが近代統計学の基礎を築くことにつながっていきます．

おもしろいですね．

「**19世紀末，ゴルトンにより近代統計学の基礎が築かれた**」

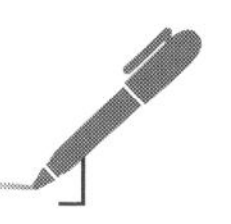

逆にいうとね，そのゴルトンの前くらいまでは，いわゆる科学的な研究も統計学的思想に基づいては行われてこなかったんですよね．

つまり，19世紀後半までは……，どうしてたんですか？

基本的な科学的考え方は，「観察と発見」のくり返しであるという点は現代と同じだったでしょう．まずは理論が提唱され，提唱された理論に基づき実験が行われ，その実験結果に基づき理論が修正され，修正された理論に基づき実験が行われる…….こうして科学が発展してきたのではないでしょうか．ここに統計学が加わったことで革新的に何が異なるかというと，理論を修正するための実験結果が「確率的に変動する」ことを前提とするかしないか，という点につきると思います．

なるほど．

「**統計学により実験結果のばらつきを踏まえた理論構築が可能となった**」

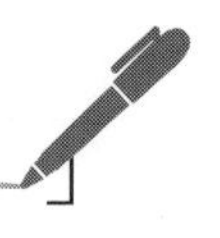

それでなんですが，ムンクもそうでしたけど，革新的なものというのは，一部の人々や一時期に非常に歓迎され受け入れられることもある一方で，広く民衆に受け入れられるようになるまでには，ある程度時間がかかってしまうものですし，必ず批判もあるものです．

つまり，統計学的思考もそうだと．

残念ながら，恐らくそうなんだと思います．科学の発展のために，統計学的思考に基づく科学研究は有益であるという理屈が科学者に受け入れられている一方で，正しく統計学的思考を理解し，本当の意味で受け入れている科学者は，おそらく，日本だけではなく世界中で，100％に近づくどころか，ある一定割合でとどまってしまっているような気さえします．

そこで，私が今や，今まで，猿渡くんたちにお話ししてきたような感じの統計コンサルテーションが世界中で必要とされています．統計教育が日本よりもかなり進んでいる国においても，です．これは驚くべきことです．統計学者はなぜ，統計学以外の分野の科学者に統計学的思考がそこまで根付かないのか，について真剣に悩んでいます．それで，オスロで話し合ってきたのです．

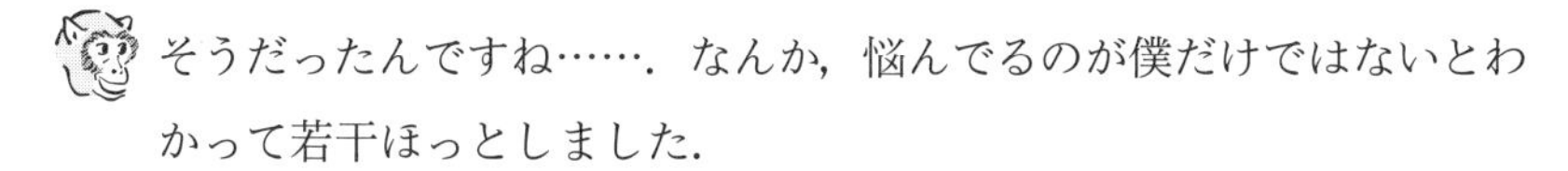

そうだったんですね…….なんか，悩んでるのが僕だけではないとわかって若干ほっとしました．

そうなんです．全然，勉強不足だからとか，理解が足りないとか，そんなふうに思わなくていいと思います．あ，学生のうちは，勉強不足と思っておいた方がよい場合も多いですがね．少なくとも，同じような研究テーマだからといって，方法論まで真似しなさい，というのは，そもそも科学者としての基本姿勢を疑います．

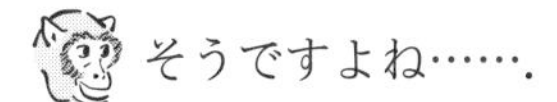

そうですよね…….

もちろん，一般化してしまえば，同じような研究デザインには同じような統計学的手法で十分であることは間違いありませんが，例えば，同じ統計学的手法を適用できる場合であっても，検証したい研究仮説の内容によっては出てきた結果の解釈を変えなければならないときだってあるのです．つまり，先ほどの，古典的な科学の考え方に基づけば，「理論ファースト」なわけですから，最初の理論や研究仮説がなんだったか，ということを出発点として，方法論の選択や結果の解釈を行わなければ，科学的な研究を行ったことにならないと，私は思います．

ありがとうございます．なんか，ちょっとすっきりしました．

「

方法論の選択と結果の解釈は，自身の研究仮説に基づき行われるべきものである

」

統計学との向き合い方

しかしながら，統計家としてではなく，人生の先輩としてアドバイスすると，だからといって，先輩に真っ向から「あなたの言っていることは科学者として妥当ではないと思います」などと言ってしまってはいけません．

そうですか？ そんなもんでしょうか……．毛呂山先生は案外保守的なんですね．

私はね，こう見えて案外古典的な和を重んじる日本人なんですよ（笑）．いや，日本人ではなくてもね，君が科学者として「うまくやっていく」ためには，先輩とも「うまく議論する」ことを覚えなければなりません．この勉強は，きっと将来，論文の査読や，学会の質疑応答の場面などで必ず役に立ちます．

あ，なんとなくわかります．学会で，よくわからない質問とかされた場合ですよね．

よくわからないどころか，喧嘩をふっかけられているのか？と思われる場面もこれから出てくると思いますよ．そのときに，真っ向から戦っては持論も通らないばかりか精神的に消耗するばかりです．

確かに．

そういうときにも，統計学的考え方はとても役に立ちます．

……？ ちょっと結びつかないのですが？

つまりね，新しい仮説がぶつけられたと思えばよいのです．新たな仮説は，確率的に変動するデータがないと検証できないでしょ．

はい……？

その人のその場の意見では結論がつかないって考えれば，回答するときに余裕がでるでしょ（笑）．つまりね，そう簡単には物事の白黒はつかないんです．

厄介ですね．

そう，厄介になったの．統計学的思考が科学に入って，物事が科学者の主張，主に主観とか感覚のことが多いと思うんですが，それだけではどんどん先に進められなくなっちゃったの．きっと，それが多くの科学者に統計学的思考が受け入れられない理由の1つなんじゃないかと私は思っているのですがね．

そうかもしれないですね．みんな自分が正しいと思ってないと，研究者なんてやってられないところもありますし．

そうなんですよ．だけど，主張はみんなに客観的に判断できるように伝えないとほかの人には受け入れてもらえない．そして，科学者自身も，基本的には自らの仮説は正しいと信じながらも，一般的には「再現性のある」結果でないと，科学的に立証されたことにはならないとわかっています．だから，確率的に変動するデータで研究仮説を統計学的に検証することに意義があることも十分理解されている場合も多い．この，何というか矛盾ではないんだけど，科学の二面性みたいなことが常に拮抗して，この100年余り，統計学に関する同じような質問が科学者から投げかけられ続けているんだと思うわけです．

「**多くの科学者は，自らの仮説を信じながらも，統計学的手法で立証しないかぎり認められない点にもどかしさを感じている**」

それでも統計学は最強の思考ツールである

なんか，わかる気がします……．僕も統計勉強しなきゃ！って思う反面，こんなんで本当に自分の仮説が検証されているのか不安になることも多くて……．

私もみなさんの研究に関する質問に答えながら，やはり毎回応えきれていないんじゃないかという歯がゆさと戦っているんですよ．

そういうものなんですね．

そうなのです．だから，もしかすると今後，統計学的思考とは別の革新的思考が生まれてきて，科学的思考がそちらへシフトする可能性も高いんじゃないかとさえ思います．それでも，現状は今の科学の枠組みで新しい発見を論じる際に，特に複雑な現象を扱うことが多い生物学や医学の分野においては，統計学が最強の思考ツールであることは間違いないと思っているのですがね．

よくわりました．とりあえず，まずは自分の研究で研究仮説を検証するために必要な方法論が適用されているか，もう一度よく考えてから，また先生にご相談させていただいてもよいでしょうか？

もちろんですよ．よく考えてみる，いいことです．私でお役にたてるならばいつでもどうぞ．

いつでも，って，先生忙しくてあんまりいらっしゃらないですが……．

あはは．すみません．そうですね．そろそろ私より優秀な助手でも雇わないとね．

それはいいですね！統計に強い人間といえば……．僕と同期の蒲郡（がまごおり）君とかどうですかね．

彼は彼で忙しそうですが，彼も博士課程に入ったし，そろそろ一緒にコンサルテーションしてもらおうかな.

それはきっと蒲郡君も喜びますよ.

そうかな. じゃあ, 今度よんでみよう.

＜コンサル終了＞

About Quote of the Day

フランシス・ゴルトン (Sir Francis Galton, 1822–1911)

統計学を勉強したことのない方でも, 名前を聞いたことがあるであろう, 非常に有名な遺伝学者であり統計学者で, 進化学で有名なダーウィンの従妹としても有名な学者です.

そのゴルトンが, 後にKピアソン, そしてRAフィッシャーに引き継がれる優生学を確立し, 1889年に出版した“Natural Inheritance”という著書のなかで, 正規分布に従う確率変数の扱いについて述べているのですが, その“Normal Variability”という章の中間あたりにp.185で引用した“Charm of Statistics”というセクションがあります. そして当時おそらく統計学の中心は非常に数学的な数理統計学であったために, 統計学者たちの多くが“average”にしか興味がないことが「残念」と述べられています.

おそらくその理由は, ゴルトンは生物, 特にヒトを対象とした遺伝学に興味があったので, 平均よりばらつきに興味がある場合も多かったためではないかと思います. 実際, 現在においても遺伝学的形質で進化を考えるにあたっては, ばらつきの考え方が応用されており, 平均は変化しないがばらつきだけが大きくなっていった場合, 集団内で多様性がある形質といえるため, 比較的新しく, しかしそこまで古くもなく淘汰もされずに残り続けている進化に必要な形質と考えられることもあります. 今の統計学の原点が, 生物学・遺伝学者の問題を考えるにあたっての「残念」な想いにあったことは, 非常に興味深いことではありませんか.

このようにゴルトンが「残念」と述べた文の後に, 本章冒頭の引用句が続きます. このなかでゴルトンは, 統計学こそが科学の追求に立ちはだかる困難を切り開く唯一のツールであると力強く述べています. そして, 本章内でも述べたように筆者は, 現代社会においても, その考え方は, この学問の原点であると感じます. つまり, 現象の謎を解こうとするときに有用な方法論, すなわち, 科学的研究だけではなく, 現代においてはデータを基にして考える諸問題において, 間違いにくく, 社会に還元できる結論を導きだすことを可能とする方法論を考えること, それが, 統計学である, あってほしいと考えています.

「残念」は学問の扉です. 複雑な現代社会の諸問題をたった一人で解決するのはたいていの場合困難です. 統計学だけではなく, どんな分野であっても, ともに相談しあい, 社会に役立つ何かの扉を一緒に叩ければよいですね.

今日のまとめ

- 統計学的思考に基づく科学的研究の歴史は，科学の歴史全体からするとまだそれほど長いものではありません．科学的手法により，より効率よく真実を解明するために，時に厄介に感じるかもしれませんが，統計学は必ずや力を発揮する場面が多いことに，科学者であれば気づくはずです．
- 手法というのは，全く同じ研究を行っていない限り，研究ごとに異なってしかるべきものです．研究デザインや手法の選択に迷ったとき，どんな些細なことであっても，統計の専門家に相談するという姿勢は，科学者の科学への真摯な態度として当然のことです．統計家は科学者からの相談であれば，どんな相談でも，親身になって聞くことでしょう．科学者が研究仮説を効率よく再現性高く行うために抱える問題を一緒に解決することが，統計家の仕事であり，そこで生じた統計学的な新たな問題を科学的に解決することが，統計学者の仕事だからです．

今日の話の参考文献

- Cabrera J & McDougall A :「Statistical Consulting」, Springer, 2002
- Galton F :「Natural Inheritance」, Macmillan, 1889

今日の猿渡さんのノート

- 19 世紀末，ゴルトンにより近代統計学の基礎が築かれた
  - ・その後、ピアソンが相関や回帰の分析手法を発展させる基盤となった
- 統計学により実験結果のばらつきを踏まえた理論構築が可能となった
  - ・理論を提唱し，その理論に基づき実験を行い，実験結果に基づき理論の修正と実験を繰り返すことが，科学の基本的な考え方である
- 方法論の選択と結果の解釈は，自身の研究仮説に基づき行われるべきものである
  - ・たとえ同じ統計学的手法を適用できる場合であっても，検証したい研究仮説の内容によっては，実験結果の解釈を変えなければならないときもある
- 多くの科学者は，自らの仮説を信じながらも，統計学的手法で立証しないかぎり認められない点にもどかしさを感じている
  - ・科学に統計学的思考が導入されたことにより，科学者の主観や感覚だけで研究を進めることができなくなった

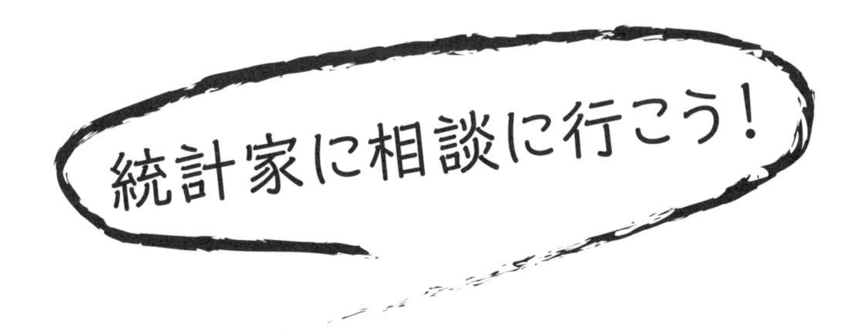

さくいん

記号

アルファベット

かな

あ行

か行

さ行

た行

の

は行

ま

ゆ

毛呂山　学（田中 紀子）

博士（保健学）　統計数理研究所客員准教授

東京大学健康科学・看護学専攻博士課程（生物統計学）修了後，東京大学医学部附属病院，ハーバード大学ダナ・ファーバーがん研究所，ピッツバーグ大学 NSABP 統計センターなどを経て，現在，国立国際医療研究センター，東京都健康長寿医療センター，福島県立医科大学附属病院にて生物統計コンサルテーションを実施中．

カエル教える　生物統計コンサルテーション

その疑問、専門家と一緒に考えてみよう

2019 年 3 月 15 日　第 1 刷発行

著　者　毛呂山　学

発行人　一戸裕子

発行所　株式会社　羊　土　社

〒 101–0052

東京都千代田区神田小川町 2–5–1

TEL　03（5282）1211

FAX　03（5282）1212

E-mail　eigyo@yodosha.co.jp

URL　www.yodosha.co.jp/

印刷所　日経印刷株式会社

ISBN978-4-7581-2093-7